西部农村发展与社会保障研究中心
甘肃省现代农业和农村社会融合发展研究中心 系列研究成果

新时代土地科学技术与管理研究辑丛
编委会

丛书主编

王文棣　（甘肃农业大学）
陈　英　（甘肃农业大学）

编委会成员

（按姓氏拼音排序）

陈俐伶	程文仕	黄　鑫	江　晶
李鹏红	李晓丹	刘学录	裴婷婷
乔蕻强	申　杨	王全喜	王晓娇
谢保鹏	徐　波	许　艳	杨昌裕

新时代土地科学技术与
管理研究辑丛

国家自然科学基金项目
"基于同位素示踪的陇东黄土丘陵区梯田果粮复合系统水分利用机制研究"（42361017）
资 助 成 果

黄土高原
关键生态水文要素研究

裴婷婷　著

中国·武汉

内 容 提 要

黄土高原生态环境脆弱，对气候变化的响应尤为敏感，是中国人口、资源、环境矛盾较集中的区域。近年来，随着全球气候变化和人类活动的加剧，黄土高原的生态环境面临诸多挑战，关键生态水文要素的变化成为研究的热点。本书通过深入研究黄土高原的气候变化、植被物候、干旱指数、蒸散发以及水分利用效率等关键生态水文要素，揭示了它们的时空变化特征和影响因素，重点探讨了气候变化对植被物候及生态系统水分利用效率的影响。基于此，本书提出了黄土高原优化土地利用结构、加强生态管控和植被恢复、强化科学研究与监测、优化水源涵养区建设、科学规划植被类型、把控生态修复质量以及完善生态补偿机制等具体建议，力求为黄土高原植被应对气候变化及生态系统的可持续发展提供理论基础。

图书在版编目(CIP)数据

黄土高原关键生态水文要素研究 / 裴婷婷著. -- 武汉：华中科技大学出版社，2024.12. -- (新时代土地科学技术与管理研究辑丛). -- ISBN 978-7-5680-9529-7

Ⅰ. P33

中国国家版本馆 CIP 数据核字第 2024NX7126 号

黄土高原关键生态水文要素研究
Huangtugaoyuan Guanjian Shengtai Shuiwen Yaosu Yanjiu

裴婷婷 著

策划编辑：	张馨芳
责任编辑：	贺翠翠
封面设计：	孙雅丽
责任校对：	张汇娟
责任监印：	周治超
出版发行：	华中科技大学出版社(中国•武汉)　电话：(027)81321913
	武汉市东湖新技术开发区华工科技园　邮编：430223
录　　排：	孙雅丽
印　　刷：	湖北金港彩印有限公司
开　　本：	787mm×1092mm　1/16
印　　张：	12.5　插页：2
字　　数：	213千字
版　　次：	2024年12月第1版第1次印刷
定　　价：	98.00元

本书若有印装质量问题，请向出版社营销中心调换
全国免费服务热线：400-6679-118　竭诚为您服务
版权所有　侵权必究

前言
QIANYAN

本书是一部系统研究黄土高原关键生态水文要素的学术著作。全书以前沿的科学研究为基础，结合翔实的数据分析，深入探讨了黄土高原关键生态水文要素的时空变化特征和影响因素，旨在为黄土高原的生态治理与可持续发展提供科学依据和政策启示。

黄土高原，位于中国中北部、黄河中游地区。该地区生态环境脆弱，对气候变化的响应尤为敏感，是中国人口、资源、环境矛盾较集中的区域。近年来，随着全球气候变化和人类活动的加剧，黄土高原的生态环境面临诸多挑战，关键生态水文要素（如气温和降水、蒸散发、植被水分利用效率等）的变化成为研究的热点。黄土高原生态系统具有高度的复杂性和脆弱性，其关键生态水文要素的变化直接关系到生态系统的稳定性。近几十年来，随着退耕还林还草、水土保持等一系列生态恢复措施的实施，黄土高原的生态环境发生了显著变化，植被覆盖增加，水土流失得到有效控制。然而，这些变化如何影响关键生态水文要素尚需进一步深入研究。本研究旨在揭示黄土高原关键生态水文要素的变化规律，为黄土高原的生态保护和恢复提供科学依据和理论支撑，对于促进黄土高原生态环境的可持续发展、维护区域生态安全具有重要的理论和现实意义。

本书首先阐述了选题背景及意义，指出黄土高原作为我国重要的生态屏障，其生态水文要素的变化对区域乃至全国的生态环境具有重要影响。随后，系统分析了黄土高原关键生态水文要素的时空变化特征和影响因素。通过深入研究黄土高原的气候变化、植被物候、干旱指数、蒸散发（ET）以及水分利用效率（WUE）等关键生态水文要素，揭示了它们的时空变化特征和影响因素，重点探讨了气候变化对植被物候及生态系统水分利用效率的影响。基于此，本书提出了黄土高原优化土地利用结构、加强生态管控和植被恢复、强化科学研究与监测、优化水源涵养区建设、科学规划植被类型、把控生态修复质量以及完善生态补偿机制等具体建议，力求为黄土高原植被应对气候变化及生态系统的可持续发展提供理论基础。

未来，随着气候变化和人类活动的持续影响，黄土高原的生态环境将面临更多的挑战。本研究将为深入理解和应对这些挑战提供重要的科学依据和理论支撑。同时，我们也将继续关注黄土高原生态环境的最新动态和热点问题，不断完善和深化相关研究内容和方法体系，为黄土高原的可持续发展贡献智慧和力量。

目录
MULU

第一章　绪论 　　　1

　第一节　选题背景及意义 　　　3
　第二节　研究进展及研究内容 　　　5
　　一、研究现状和进展 　　　5
　　二、研究内容 　　　23
　　三、技术路线 　　　24
　第三节　研究区概况及数据整理 　　　26
　　一、研究区概况 　　　26
　　二、数据来源与预处理 　　　27
　　三、研究方法 　　　42

第二章　黄土高原气候变化时空分布特征 　　　50

　第一节　黄土高原年平均气候的时空变化特征 　　　50
　第二节　黄土高原季节性气候的时空变化特征 　　　51
　第三节　黄土高原极端气候的时空变化特征 　　　55
　第四节　讨论 　　　59
　第五节　小结 　　　60

第三章　黄土高原植被物候及其影响因素 　　　62

　第一节　黄土高原植被物候的时空变化特征 　　　62
　　一、黄土高原植被物候的时间变化特征 　　　62

二、黄土高原植被物候的空间变化特征　　　　　　　　　　64
　　三、黄土高原植被物候未来变化趋势预测　　　　　　　　　66
　　四、黄土高原植被物候在不同地形条件下的变化特征　　　67
第二节　黄土高原植被物候对气候及SPEI的响应　　　　　　　69
　　一、黄土高原植被物候对年平均气候的响应　　　　　　　　70
　　二、黄土高原植被物候对季节性气候的响应　　　　　　　　73
　　三、黄土高原植被物候对极端气候的响应　　　　　　　　　78
　　四、黄土高原植被物候对SPEI的响应　　　　　　　　　　　84
第三节　讨论　　　　　　　　　　　　　　　　　　　　　　　87
　　一、黄土高原物候变化的时空分布特征　　　　　　　　　　87
　　二、黄土高原气候因子对植被物候的影响　　　　　　　　　88
　　三、黄土高原干旱对植被物候的影响　　　　　　　　　　　91
第四节　小结　　　　　　　　　　　　　　　　　　　　　　　92

第四章　黄土高原干旱指数变化及其影响因素　　　　　　　　98

第一节　黄土高原SPEI的时空分布特征　　　　　　　　　　　　98
　　一、SPEI的时间变化特征　　　　　　　　　　　　　　　　98
　　二、SPEI的空间变化特征　　　　　　　　　　　　　　　　101
第二节　SPEI的变化趋势预测　　　　　　　　　　　　　　　　106
第三节　讨论　　　　　　　　　　　　　　　　　　　　　　　108
第四节　小结　　　　　　　　　　　　　　　　　　　　　　　110

第五章　黄土高原ET变化及其影响因素　　　　　　　　　　　112

第一节　黄土高原气温、降水、NDVI以及ET的时空变化差异　　112
第二节　ET对气温、降水和NDVI的季节敏感性分析　　　　　　115
　　一、ET对气温的敏感性　　　　　　　　　　　　　　　　　115
　　二、ET对降水的敏感性　　　　　　　　　　　　　　　　　117
　　三、ET对NDVI的敏感性　　　　　　　　　　　　　　　　　118
第三节　气温、降水和NDVI对ET贡献程度的季节性差异　　　　119

第四节　讨论 ... 122
一、气温对蒸散发影响的季节性差异 ... 122
二、降水和NDVI对蒸散发影响的季节性差异 ... 123

第五节　小结 ... 124

第六章　黄土高原WUE变化及其影响因素 ... 126

第一节　黄土高原WUE时空分布特征 ... 126
一、WUE的时空变化特征 ... 126
二、GPP和ET的时空变化特征 ... 129

第二节　黄土高原气候及SPEI对WUE的影响 ... 136
一、黄土高原气候对WUE的影响 ... 136
二、黄土高原SPEI对WUE的影响 ... 140

第三节　黄土高原气温、降水和NDVI对WUE的影响 ... 144
一、WUE对气温、降水和NDVI的敏感性分析 ... 144
二、气温、降水和NDVI对WUE的贡献程度分析 ... 147

第四节　极端气候事件下WUE的差异及其影响因素 ... 149
一、极端干旱和湿润事件下水分利用效率的差异 ... 149
二、极端干旱和湿润事件对水分利用效率的影响 ... 153
三、极端干旱和湿润事件下气温及降水对GPP和ET的影响 ... 156

第五节　讨论 ... 159
一、WUE的时空变化 ... 159
二、不同植被WUE的变化 ... 161
三、黄土高原WUE对气候的响应 ... 161
四、黄土高原WUE对SPEI的响应 ... 163
五、气温、降水和NDVI对水分利用效率的影响 ... 166
六、极端干旱和湿润事件对WUE的影响 ... 168

第六节　小结 ... 170
一、季节性植被GPP、ET和WUE的时空变化特征 ... 170
二、季节性干旱和WUE的时空分布特征 ... 171
三、生态系统水分利用效率及其影响因素 ... 172

第七章　研究结论与不足　176

第一节　研究结论　176
第二节　政策建议　180
一、优化土地利用结构，推进黄土高原农林牧区分布调整　181
二、加强生态管控和植被恢复，促进区域生态系统的稳定性　181
三、强化科学研究与监测，有效应对极端气候影响　182
四、优化水源涵养区建设，增强生态系统功能　182
五、科学规划植被类型，制定季节差异化生态保护政策　183
六、放眼长期效益，把控生态修复质量　183
七、完善生态补偿机制，促进区域协调发展　183
第三节　研究不足　184

参考文献　185

后记　192

第一章
绪　论

全球变暖的背景下，陆地生态系统正在经受多环境变量的影响。生态系统为人类提供了各种环境条件和效用，人类能够从中获取各种直接或间接惠益，主要包括支持服务、调节服务、供给服务和文化服务。这些服务不仅提供了人类生产生活所必需的物质资料（如粮食、淡水、薪柴、能源等），还能够调洪蓄水、保持水土、净化大气、美化环境，是生态系统功能向人类社会福祉转化的重要工具。探究关键生态水文要素对了解区域的资源禀赋具有重要的科学意义，同时也能够为优化区域生态系统的稳定性提供理论基础。

黄土高原被认为是气候变化敏感区和生态环境脆弱带，其独特的地理位置和非凡的生态意义对于研究生态水文要素的变化更具有典型性和代表性。然而，目前的研究主要集中在黄土高原气候要素、水文要素及植被要素等某单一要素，较少系统地探究该区域生态水文要素的时空分异特征及其影响因素。因此，科学分析该区域植被物候、植被水分利用效率（Water Use Efficiency，WUE）、标准化降水蒸散发指数（Standardized Precipitation Evapotranspiration Index，SPEI）的时空分异特征及其影响因素对促进黄土高原植被恢复、生态系统保护、防灾减灾及畜牧业的发展等具有重要意义。

本研究基于中分辨率成像光谱仪（Moderate-Resolution Imaging Spectroradiometer，MODIS）监测的归一化差值植被指数（Normalized Difference Vegetation Index，NDVI）、总初级生产力（Gross Primary Productivity，GPP）和陆地蒸散发（Evapotranspiration，ET）等遥感数据和气象数据，利用Savitzky-Golay滤波法对NDVI时间序列重建后，采用像元二分模型计算植被覆盖度、动态阈值法提取植被物候，利用GPP和ET的比值计算WUE，以及根据日气象数据计算年平均气候、季节性气候、极端气候数据。其次，利用Theil-Sen中位数趋势法、Mann-

Kendall 检验法、一元线性回归分析法和 Hurst 指数预测法明确黄土高原植被覆盖度、植被物候和植被 WUE 时空格局，在此基础上基于随机森林模型、岭回归分析和偏相关分析探究黄土高原植被覆盖度、植被物候和植被 WUE 对年平均气候、季节性气候、极端气候和 SPEI 的响应。主要结论如下：

（1）黄土高原总体呈现干旱化趋势，且年际和季节尺度的干旱发生频率在空间上差异较大。其中，春季和冬季以黄土高原东南部和西部干旱发生频率较高，夏季和秋季以西北部干旱发生频率较高。夏季以中度干旱发生频率最高，其他季节以轻度干旱发生频率最高。黄土高原春、夏季呈现干旱化趋势，秋、冬季大部分区域干旱趋势减弱。黄土高原年际、春季、夏季的 SPEI 值在未来一段时间内仍处于下降趋势，即干旱化趋势加重，且夏季的 Hurst 指数值最大，持续性变化趋势最强，未来持续干旱的可能性高于其他季节。

（2）黄土高原植被生长季始期（Start of Growing Season，SOS）主要集中在第 96~144 天，多年变化斜率为 -0.38 d/a，且植被 SOS 随着地势由西北向东南方向逐渐提前，提前趋势最明显的是森林 SOS。在未来一段时间，黄土高原 47.7% 的植被 SOS 仍将呈现提前趋势。黄土高原植被生长季末期（End of Growing Season，EOS）主要集中在第 288~304 天，不同植被 EOS 的物候参数空间差异较小，多年变化斜率为 2.83 d/a，在不同植被类型中草地 EOS 的推迟趋势最明显。在未来一段时间，黄土高原 53.4% 的植被 EOS 仍将呈现延迟趋势。

（3）黄土高原年均气温升高和年总降水增加，会导致大部分地区植被 SOS 提前和 EOS 延迟，仅西北部分地区的植被 SOS 会延迟。在气候变化的影响下，灌丛物候对年均气温和年总降水最为敏感，森林 SOS 最稳定；气温升高时森林 EOS 较草地 EOS 更稳定，而降水增多时草地 EOS 较森林 EOS 更稳定。黄土高原大部分植被 SOS 会随年初冬季和当年春季气温升高而提前，会随着上年夏季和上年秋季气温升高而推迟。

（4）季节性 WUE 呈降低趋势，且夏季 WUE 的降低速率在三个季节中最为明显。空间上，季节性 GPP 和 ET 均呈现从东南向西北逐渐减小的特征。不同季节植被 WUE 的大小关系为夏季＞秋季＞春季。不同植被类型的 WUE 存在季节性差异且对气温和降水的响应不同，森林 WUE 的季节性差异较小。灌丛和草地 WUE 均出现了由春季到秋季依次降低趋势，以草地降低趋势最为明显。春季和夏季森林 WUE 与气温的负相关性最大，秋季草地 WUE 与气温和降水均呈正相关。季节性 WUE 与气温、降水的相关性可能存在阈值效应。春季、夏季、秋季的最适降水阈值分别为 50~80 mm、280~370 mm、65~125 mm，最适温度阈值分别为 14 ℃以上、15~19 ℃和 6~13 ℃。WUE 对季节性干旱的敏感性空间分布差异明显。春旱导致 WUE 提高，但随着干旱程度的增加，WUE 对干旱指数的敏感性程度降低；夏旱导致 WUE 降低，干旱越严重，WUE 降低的敏感性越大；秋旱较轻时，WUE 提高，但随着 SPEI 减小，干旱加重，秋旱会导致 WUE 降低；WUE 对冬季 SPEI 的敏感性为负，但敏感性基本不随干旱程度的变化而变化。

第一节 选题背景及意义

在全球变暖的背景下，气候变化对陆地生态系统的影响是多样且十分复杂的。政府间气候变化专门委员会（Intergovernmental Panel on Climate Change, IPCC）第五次评估报告指出，全球大部分地区正在经历持续变暖的过程，并且一些极端气候事件发生的频率不断增大，对生态系统、社会经济和人类健康等产生了极为不利的影响。同气候平均态相比，极端气候事件产生的影响更为明显和直接，极端气候事件不断增大的强度和频率不仅会迫使物种改变其生存环境，也会导致本地物种面临过度减少或增加的风险，还会影响生态系统碳循环和水循环。高温、热浪、暴雨、洪涝等极端气候事件发生的频率、强度不断增大，有可能给生态环境带来不可预料的后果。

植被是陆地生态系统的重要组成部分，在干旱和半干旱区域，植被在防止荒漠化以及水土保持方面起到了重要的作用，因此人类通过大规模的造林工程来改善生态环境，通过涵养水源、保持土壤、削减洪峰和固碳等方式恢复和强化生态系统的服务功能。而植被及其生长环境对气候变化的感应极为敏锐，全球气候变化不可避免地引起植被生长状况的变化，影响植被生长期的长短以及植被本身的组成和形态，从而制约整个区域生态系统的能量交换以及碳循环和水循环。因此，研究植被生长与环境变化之间的关系，对于理解植被对气候变化的响应机制以及构建未来气候-植被预测模型具有重要的生态学意义。

物候被认为是一种追踪生态物种对气候变化响应最简单的过程，而植被物候是指植被受其所处环境（气候、水文、土壤等）影响出现以年为周期的自然现象。植被物候变化会改变群落的构成，也会影响不同物种间的相互作用，以及不同物种间的营养水平。对于植被个体来讲，物候变化会影响其自身的生理变化和活力；对于区域生态系统来讲，物候变化除了会改变生态系统功能、生态系统碳收支和生态系统能量循环外，还会影响整个区域气候。因此，掌握植被物候变化及其对气候变化的响应，对于研究气候变化和生态环境之间的关系有重要意义。

水分利用效率（Water Use Efficiency，WUE）是指植物消耗单位质量的水分所固定CO_2或生产干物质的量，它是反映气候变化对陆地生态系统的影响的重要指标。生态系统WUE耦合了陆地生态系统的碳循环和水循环，能够解释陆地生态系统对全球气候变化的响应，而干旱是水循环的间歇性干扰，也严重影响着陆地生态系统的碳循环和水循环。近年来全球干旱事件的频率和强度都有增大的趋势，这将对碳和水的耦合循环产生深远影响。因此，研究气候变化对WUE的影响，有助于我们更好地理解全球气候变化背景下生态系统的循环过程、服务功能及其对气候系统的反馈。

黄土高原地处中国干旱和半干旱地区，是世界上分布最集中且面积最大的黄土区，植被易受自然灾害的影响，且气候受经纬度和地形的双重制约，冬季寒冷、干燥、多风沙，夏秋季炎热、多暴雨。黄土高原位于黄河中上游地区，受地形、植被和气候等自然因素，以及过度放牧等人为因素影响，加之全球气候变化导致极端气候事件不断增多，这里出现气象灾害的风险不断增加，并对当地生态环境造成显著影响。黄土高原植被动态变化及其对环境的响应已成为研究者们关注的焦点。此外，植被对该地区生态环境起着关键作用，植被通过改变地表反射率和下垫面粗糙度达到减缓径流冲蚀、风力侵蚀和保持水土的作用。因此，从宏观角度出发深入研究黄土高原关键生态水文要素的变化规律及其影响因素，有助于我们充分认识环境变化对黄土高原区域植被动态变化的影响，为制定科学合理的黄土高原区域植被恢复措施提供科学依据。

第二节 研究进展及研究内容

一、研究现状和进展

（一）气候因子的研究

在全球经济快速发展的背景下，各国工业发展水平均得到了大幅提升，这加剧了全球生态环境的恶化，因自然生态环境遭到破坏而引起的气候变化已经引起全球范围的密切关注。气候变化是指气候的平均状态随时间变化而发生的变化。随着气象站点的建立，人们利用气象数据可以对往年气象变化进行分析，并开始采用神经网络法和 Hurst 指数预测法等方法对未来气候进行预测[①]。气象数据主要包括降水、气温和蒸散发等气候因子的实测数据，但由于研究对象和研究区域的不同，气候因子在气象变化中起的作用也不尽相同。IPCC 第五次评估报告指出，全球年平均表面（包括陆地和海洋）气温在 1880—2012 年上升了 0.85 ℃（0.65～1.06 ℃）[②]，同时，北半球的平均升温幅度（0.33 ℃/10a）明显高于南半球的平均升温幅度（0.13 ℃/10a）。最近几十年，高纬度地区的变暖趋势尤为明显（如北极及其周围区域）。在全球持续变暖的大环境下，我国平均气温也随之显著上升。有研究表明，中国的气候变化趋势与全球总的变化趋势一致，但近几十年我国气温的增幅超过了全球其他地区的平均水平[③]。关于黄土高原区域气候的研究表明，1951—2000 年黄土高原的升温幅度为 1.5 ℃，然而降水出现了明显的减少趋势。

---

① 黄浩，张勃，黄涛，等.近30 a甘肃省河东地区极端气温指数时空变化特征及趋势预测[J].干旱区地理，2020，43（2）：319-328.

② Stocker T F, Qin D, Plattner G-K, et al. Climate change 2013: The physical science basis[C]// Contribution of Working Group I to the Fifth Assessment Report of the Intergovernmental Panel on Climate Change. Cambridge: Cambridge University Press, 2013.

③ 赵宗慈，王绍武，罗勇.IPCC成立以来对温度升高的评估与预估[J].气候变化研究进展，2007，3（3）：183-184.

另外，全球升温趋势存在明显的季节性差异，IPCC报告指出北半球近几十年存在显著的季节性升温，尤其是冬季和春季的升温幅度明显。徐敏等（2009）对1979—2005年不同季节全球地表气温的评估结果表明，东亚旱区（如中国北方、蒙古国和西伯利亚南部）等地区经历了全球最为显著的春季升温过程，并且未来春季升温仍将持续[①]。Zhang等通过研究1972—2000年黄土高原长武塬区气候和土地利用变化对水文过程的影响，发现气温在2月、7月和9月显著上升，而降水在9月和12月显著减少，说明气温和降水变化存在明显的年内差异。

相对于明显的气温升高，降水在世界各地包括中国都没有统一的变化趋势。尽管已有报道指出1988年之前降水发生了明显的增加趋势[②]，但是通过分析全球降水气候学项目（GPCP）的降水数据，发现20世纪90年代以来全球平均降水增加的趋势非常微弱。另外，降水表现出明显的区域变化，有研究表明热带区域的降水明显增加。中国整体的年平均降水在过去几十年没有显著变化，但是不同区域的降水变化差异较大。研究表明，中国西南、东北、新疆等地区以及长江流域下游地区的降水表现出明显的增加趋势，并且长江流域6—8月份降水增加趋势明显。许多研究表明黄河流域中下游的年降水表现出不显著的减少趋势。Wan等[③]也表明1957—2009年并未在黄土高原监测到显著的降水减少趋势。黄土高原位于中国西北干旱和半干旱地区，对气候变化极为敏感，但前人研究的重点主要集中在某一行政区域，并未对黄土高原独特的自然条件和气候条件给予足够的重视。直到近年来，涉及黄土高原区域尺度气候变化时空分布特征的研究才逐渐增多，多数结果表明该地区气温逐年持续上升，降水差异较大，且年内分配不均。

极端气候事件的明确定义来自IPCC的评估报告，该报告从概率分布的角度将极端气候事件定义为在特定的时间和地点所发生的小概率气候事件，该评判方法在不同区域都具有很好的适用性。有研究指出，1961—2003年中国区域极端气温事件发生的频率和变化与全球区域极端气温事件发生的频率和变化呈现出一定

---

① 徐敏，罗勇，徐影，等.温室气体稳定浓度情景下中国地区温度和降水变化[J].气候变化研究进展，2009，5（2）：79-84.

② Wentz F J, Ricciardulli L, Hilburn K, et al. How much more rain will global warming bring?[J]. Science, 2007, 317 (5835)：233-235.

③ Wan L, Zhang X P, Ma Q, et al. Spatiotemporal characteristics of precipitation and extreme events on the Loess Plateau of China between 1957 and 2009[J]. Hydrological Processes, 2014, 28 (18)：4971-4983.

的相似性，但就具体区域而言，中国西北和东北地区极端气温事件发生的频率较全球极端气温事件发生的频率更高；而极端降水事件发生的频率在中国南部和西北地区呈现上升趋势，在其他区域呈现下降趋势。同时，王志福等指出，极端降水事件发生频率呈上升趋势的地区，其降水持续时间也较其他区域极端降水事件的持续时间更长。李志等[①]指出，1961—2007年黄土高原极端降水事件在黄土高原东南部发生的频率高，在黄土高原西北部发生的频率低。Lu等[②]发现黄土高原的极端降水事件并没有表现出明显的增加趋势，而极端升温事件却愈加严重且日趋频繁。赵安周等分别对黄土高原极端气温和降水进行了研究，研究表明大部分极端气温指数呈上升趋势，且多数极端气温指数的变化趋势与平均气温关系密切；除降水强度指数外，大部分降水指数均呈上升趋势，且均与年总降水量具有显著的相关性。

总体来讲，在全球变暖的大背景下，众多学者已对平均气温、年总降水和极端气候开展了大量研究，且主要集中在趋势变化的分析上。但是，关于气候变化的研究仍然存在很多不确定性，如气候时段、气候数据的选择会对研究区域气候变化趋势分析产生重要的影响。另外，地球系统模式的选用也会导致气候变化的预测产生差异，这主要归因于人类因素和自然因素对气候变化影响的复杂性。平均气候的研究相对极端气候已经较为成熟，由于极端气候事件的时空趋势具有很大的区域特征和不确定性，有必要进一步开展极端气候事件下气候因子的分析。

（二）标准化降水蒸散发指数（Standardized Precipitation Evapotranspiration Index，SPEI）的研究

IPCC第五次评估报告指出全球几乎所有地区都出现了地表气温持续上升现象，并且最近30年地表气温的上升幅度持续增大。在此背景下，全球干旱发生频率上升，陆地极端干旱面积不断扩大。中国近几十年干旱发生频率上升、持

---

① 李志，郑粉莉，刘文兆.1961—2007年黄土高原极端降水事件的时空变化分析[J].自然资源学报，2010，25（2）：291-299.

② Lu X L, Zhuang Q L. Evaluating evapotranspiration and water-use efficiency of terrestrial ecosystems in the conterminous United States using MODIS and AmeriFlux data[J]. Remote Sensing of Environment，2010，114（9）：1924-1939.

续时间延长，范围也在不断扩大。Xia等（2014）运用回归树的方法得到1982—2009年东亚旱区的蒸散发量，发现研究期内蒙古国以及我国内蒙古东部降水减少导致蒸散发量减少[①]。Gao利用中国686个地面气象站长期观测数据，基于改进后的水量平衡模型分析了中国1960—2002年蒸散发量的时空变异特征，发现东经100°以东地区蒸散发量呈下降趋势，而以西地区呈上升趋势；在中国大部分地区，蒸散发量的变化主要受降水的年际变化影响，而在南方地区，太阳辐射等因素则占主导作用。Yao等利用Priestley-Taylor经验模型模拟了2000—2010年中国区域陆地生态系统蒸散发，发现研究期内蒸散发量呈下降趋势，这主要归因于干旱程度的增加[②]。黄土高原位于我国气候变化敏感区域和干旱多发地带，严重的干旱阻碍了当地经济的发展。因此，研究黄土高原的干旱时空分布及变化特征、预测未来干旱变化趋势对于保障该地区的粮食安全和生态恢复具有重要意义。

目前有许多针对黄土高原干旱的研究。在干旱变化趋势的研究中，有学者发现黄土高原1960—2016年旱涝指数下降，受干旱影响，大片区域由涝转旱，且面积以每十年4%的速率增长，未来干旱的面积和强度将继续增加。也有学者将黄土高原划分为6个分区，将可变入渗能力模型与Palmer干旱严重度指数相结合，分析了1986年以来黄土高原6个分区的干旱变化趋势，发现黄土高原干旱发生频率的空间分布由东南向西北递增，黄河上游干旱趋于严重，而中游干旱得到了一定程度的缓解。在季节性干旱的研究中，有学者研究了黄土高原夏季干旱的时空特征，发现干旱发生频率和强度的空间差异性较大，干旱发生频率在冬中、春末、夏初较高，且干旱发生的地区一般是中部和西北部地区。张调风等[③]调查了甘肃省黄土高原区1962—2010年干旱的发生频率和强度，发现干旱发生频率在春季和秋季显著上升，而在夏季和冬季略微上升。此外，在干旱

[①] Xia J Z, Liang S L, Chen J Q, et al. Satellite-based analysis of evapotranspiration and water balance in the grassland ecosystems of Dryland East Asia[J]. PLoS One, 2014, 9 (5): e97295.

[②] Yao Y J, Liang S L, Cheng J, et al. MODIS-driven estimation of terrestrial latent heat flux in China based on a modified Priestley-Taylor algorithm[J]. Agricultural and Forest Meteorology, 2013, 171: 187-202.

[③] 张调风, 张勃, 张苗, 等. 1962—2010年甘肃省黄土高原区干旱时空动态格局[J]. 生态学杂志, 2012, 31 (8): 2066-2074.

的未来变化趋势研究中，Zhang等[1]将黄土高原划分为6个分区，运用H指数预测了未来干旱频率；张耀宗等[2]基于降水和气温数据，运用R/S分析法预测了陇东黄土高原的干旱变化趋势，在未来一段时间内陇东黄土高原将持续干旱化，且干旱状态将持续性转变为严重等级。虽然这些前人的研究提供了可靠的结果，但从目前研究来看，大多是基于传统气象站点资料，"以点代面"来分析区域的干旱特征，很难描述干旱在每个栅格的详细变化。此外，多数研究仅探讨了黄土高原年际或某个季节的干旱变化特征，不能综合反映年、季节尺度上黄土高原干旱特征的时空差异，而且在全球持续升温的背景下，缺乏对黄土高原年、季节干旱的未来变化趋势研究。

（三）植被覆盖的研究

植被是陆地生态系统的重要组成部分，在干旱和半干旱区域，植被在防止荒漠化以及水土保持方面起到了重要的作用，因此人类通过大规模的造林工程来改善生态环境。20世纪以来，很多国家开始意识到生态建设的重要性，先后实施了一批大规模、高投资的林业生态工程。其中以美国的"罗斯福工程"、苏联的"斯大林改造大自然计划"、北非五国的"绿色坝工程"和中国的"三北防护林体系工程"较为著名，被称为世界四大造林工程，尤其是我国"三北防护林体系工程"，由于覆盖范围广、投资大，被誉为"世界生态工程之最"和"绿色万里长城"。世界四大造林工程使得世界范围内的植被在过去近100年均发生了显著变化，尤其是中国北方以及黄土高原区域，植被覆盖面积明显增加。

我国1999年开始实施大规模的退耕还林还草工程，目的是通过增加植被覆盖来改善生态环境，因此，退耕还林还草工程实施以来黄土高原地区植被发生了显著变化。遥感数据发现，位于黄土高原的12个子流域的平均植被盖度从1978年的25%上升到1998年的29%，再上升到2010年的46%。对陕甘宁地区植被变化的研究表明，2000—2009年植被覆盖呈现明显的增加趋势，增速为0.032/10年。也有研究表明，1997—2006年，陕北黄土高原土地利用类型发生了显著变化，

---

[1] Zhang B Q, Wu P T, Zhao X N, et al. Drought variation trends in different subregions of the Chinese Loess Plateau over the past four decades[J]. Agricultural Water Management, 2012, 115: 167-177.

[2] 张耀宗，张勃，刘艳艳，等.近50年陇东黄土高原干旱特征及未来变化趋势分析[J].干旱地区农业研究，2017, 35（2）: 263-270.

50.37%耕地转变为森林和草地。从黄土高原2000—2010年土地利用/覆被转移矩阵得到,该时段草地面积增加了$66.46 \times 10^4 hm^2$,灌丛面积增加了$10.44 \times 10^4 hm^2$,森林面积增加了$2.25 \times 10^4 hm^2$,这三种植被增加的面积主要由农业用地转化而来,黄土高原退耕面积以每年$13.23 \times 10^4 hm^2$的趋势显著增加($R^2=0.89$,$P<0.001$)。同时,黄土高原植被的变化呈现出明显的空间差异,1999—2010年黄土高原东部地区植被NDVI增长情况要明显优于西部地区。

黄土高原植被类型的变化导致了土壤含水量的改变。研究表明,造林主要选择速生物种,因此人工林的土壤含水量低于天然森林。陈云明等通过对黄土丘陵区人工沙棘林水土保持作用的研究,发现沙棘通过改善土壤理化性质,如有机质含量和孔隙度,进而提高土壤入渗性能和抗冲击性能。Duan等[1]对黄土高原大于25°陡坡的8种植被土壤含水量的研究表明,植被类型显著影响土壤水分存储,相比其他7种植被,白羊草在浅层(0~20 cm)和深层(200~500 cm)均具有最大的土壤水分存储量。同时,植被类型也能够影响径流和土壤流失。减少土壤侵蚀较有效的植被是白羊草和沙棘,而油松和刺槐对土壤侵蚀的减少作用并不明显。

综上所述,从区域到全球,无论是植被类型还是植被盖度在过去几十年均发生了较大改变,而植被变化对区域的气候以及水文过程产生重要的影响。目前关于植被变化的归因研究较多,主要集中于气候和人类活动对植被变化的影响,如升温引起植被物候的改变[2]、放牧及造林导致植被盖度的变化[3],但是关于植被对极端气候响应的研究还不足。

(四)植被物候的研究

物候学是研究生物事件节律性变化的一门学科。植被物候是指植物受生物因子和非生物因子影响出现以年为周期的自然现象,它是植物为了适应气候条件节律性变化而形成的与之相对应的植物发育节律。植被物候变化除了决定植被光合作用时长外,还会导致陆地生态系统发生一系列变化,比如,植被生长季始期

---

[1] Duan L X, Huang M B, Zhang L D. Differences in hydrological responses for different vegetation types on a steep slope on the Loess Plateau, China[J]. Journal of Hydrology, 2016, 537: 356-366.

[2] Piao S L, Fang J Y, Zhou L M, et al. Variations in satellite-derived phenology in China's temperate vegetation [J]. Global Change Biology, 2006, 12 (4): 672-685.

[3] 李双双,延军平,万佳. 近10年陕甘宁黄土高原区植被覆盖时空变化特征[J]. 地理学报,2012 (7): 960-970.

(Start of Growing Season，SOS）和植被生长季末期（End of Growing Season，EOS）的变化会导致植被生长季长度的变化，从而引起同一生境中的不同植被之间的竞争（光、气温和水等），甚至导致区域内地表反射率发生变化，从而改变地表局部气温。另外，植被物候变化在一定程度上也与人类活动有关，比如，政府对农林牧区域的调整和管理、政府对野生动物的保护，以及政府对生态旅游的规划和管控。因此，植被物候的时空变化及其影响因子的研究已经成为全球植被变化研究中的热门课题。

传统物候观测采用地面观测法，这种人为观测的方法具有精度高、操作简单等优点，是研究物候变化对气候响应的基本方法。然而，人员物资耗费大、可持续观测站点少和空间分布不均等是该方法的主要不足，并且该方法不易开展大范围长时间序列的监测，因此它在模拟大尺度长时间序列的植被物候变化上有所欠缺。遥感技术的发展为实现植被物候监测提供了新的机遇，其在全球植被覆盖监测上具备很大优势。通常情况下，卫星遥感数据被应用于确定植被SOS和植被EOS，而植被物候主要基于植被增强指数（Enhanced Vegetation Index，EVI）、归一化差值植被指数（Normalized Difference Vegetation Index，NDVI）和叶面积指数（Leaf Area Index，LAI）等数据表征的植被绿度来提取。其中，最常用的提取植被物候的是NDVI数据，该指数主要通过观测叶绿素吸收的红光波段和反射的近红外波段来反映植被活动[1]。

普遍认为，植被SOS和植被EOS在决定植被生长季长度和控制碳氮方面扮演着同等重要的角色。目前单个物候的研究大多集中在物候起始期的变化，只有很少的研究记录了观测站点植被物候的结束事件（如植被叶子变色、叶落等），且很少从不同物候序列开展研究。一些研究表明，植被往往会根据前一个物候的变化来调整后一个物候的时间，植被SOS变化会导致植被EOS的变化[2]。但也有研究表明，植被EOS对植被生长季延长的贡献要大于植被SOS。由于采样人员和研究区域的不同，得出的物候变化差异以及相互作用的机理差异较明显。另外，遥感技术兴起之后，大尺度植被物候的研究也逐渐发展起来，虽然遥感技术具有

---

[1] 杜加强，舒俭民，王跃辉，等.青藏高原MODIS NDVI与GIMMS NDVI的对比[J].应用生态学报，2014，25（2）：533-544.

[2] 包晓影，崔树娟，王奇，等.草地植物物候研究进展及其存在的问题[J].生态学杂志，2017，36（8）：2321-2326.

长时间序列和大尺度观测的优势,但因研究人员在进行数据处理时采用的标准和方法不同,反演出的植被物候往往不同,甚至得出相反的结论,故需要根据地面单体观测物候数据对其进行验证[①]。近年来对黄土高原植被物候的研究,不论是从单体观测数据来分析,还是从遥感数据反演来分析,均指明黄土高原植被 SOS 普遍呈提前趋势,而植被 EOS 普遍呈延迟状态,且不同植被之间仍有很大的差异,其原因可能与不同植物的生理特性有关[②]。尽管已有大量研究对植被物候进行了分析,但学界对不同植被物候的时空变化以及其对环境变化响应的过程仍然知之甚少。因此,对植被 SOS 和植被 EOS 的进一步研究有助于增加我们对植被物候及其对环境响应的认知。

(五) WUE 的研究

水资源是限制区域社会经济发展的重要因素之一。近些年来,随着 CO_2 等温室气体的浓度上升,全球气候逐渐变暖,一些地区的生产生活用水挤占生态环境用水的现象严重,这在一定程度上影响了生态系统碳循环和水循环,进而影响到植被对水分的利用。水分利用效率(WUE)作为连接生态系统碳循环和水循环的纽带,不仅能够反映生态系统碳水耦合特征,而且能够体现植物对水分的利用效果,目前已成为生态系统碳循环和水循环研究的热点。因此,探讨 WUE 时空演变及其影响因子有助于了解和预测气候变化对生态系统碳循环和水循环的影响,对于应对气候变化以及维持生态环境的健康发展具有重要意义。

生态系统 WUE 不仅受植被内部系统的调控,还与外界环境因子密不可分。其中,气温、降水等环境因子是影响植被 WUE 的关键气候变化因子[③]。近年来全球极端气候事件的发生频率持续上升,生态系统 WUE 的时空演变及其对气候变化的响应研究受到国内外学者的广泛关注。随着遥感技术与方法的发展,大尺度上生态系统碳-水之间的交互关系研究成为可能,且运用遥感数据集来计算生态系统水文指标在大尺度研究中得到了国内外学者的一致认可。例如,Tang 等基于遥

---

① 倪璐,吴静,李纯斌,等.近30年中国天然草地物候时空变化特征分析[J].草业学报,2020,29(1):1-12.
② Park H, Jeong S J, Ho C H, et al. Slowdown of spring green-up advancements in boreal forests[J]. Remote Sensing of Environment, 2018, 217: 191-202.
③ 李辉东,关德新,袁凤辉,等.科尔沁草甸生态系统水分利用效率及影响因素[J].生态学报,2015,35(2):478-488.

感数据在分析全球生态系统WUE的时空变化时得出，土地利用变化是导致全球生态系统WUE下降的主要因素；而Zhu和Liu等在评估中国陆地生态系统WUE的变化时分别指出干旱和纬度对不同区域WUE的影响差异；Huang和Sun等则探讨了CO_2浓度变化和氮沉降等多种因素对WUE的影响。此外，有学者指出气象因子是影响区域WUE变化的重要因素，如仇宽彪和Xue等探讨了降水、气温和辐射等气象因子对区域WUE的影响。也有学者指出WUE对气候变化的季节响应不同，且不同植被类型WUE不同，其影响因子也不同。如Huang等[1]分析全球生态系统WUE对气候变化的季节响应时得出，北半球春天WUE提高的原因是气温的上升，而Keenan等指出CO_2浓度上升促使森林WUE升高。Xiao和Zhang等分别研究了中国和中国黄土高原生态系统WUE的时空变化规律，前者指出林地和耕地的WUE高于草地，后者发现不同植被类型WUE的影响因子不同。Zhu等[2]研究表明，影响WUE季节性变化的因子及其作用机制在不同生态系统之间存在差异。可以看出，植被WUE会受到地域差异性和季节差异性等多种因素的影响。目前，针对黄土高原植被WUE的研究已取得了丰富的成果，如刘宪锋等[3]利用MODIS产品分析了黄土高原植被WUE的时空演变，发现2000—2014年黄土高原植被WUE呈现上升趋势，且降水量、日照时数、相对湿度是影响黄土高原植被WUE的主要气候因子。Zhang和裴婷婷等也探讨了黄土高原植被WUE的驱动因素，前者指出黄土高原植被WUE存在区域异质性和季节差异性，且不同植被类型WUE的影响因子不同；后者则指出黄土高原植被WUE对气温的敏感性为正，对降水的敏感性存在阈值效应。

应指出的是，以往研究多关注WUE的年际变化特征，而对季节性WUE的研究关注不足，且在影响因素方面，虽有学者指出植被WUE的季节差异性，但关于WUE季节性差异的影响因素研究较少，关于植被季节性WUE的差异研究仍需进一步补充，尤其是关于黄土高原植被季节性WUE的研究。黄土高原地区是中

---

[1] Huang M T, Piao S L, Zeng Z Z, et al. Seasonal responses of terrestrial ecosystem water-use efficiency to climate change[J]. Global Change Biology, 2016, 22 (6): 2165-2177.

[2] Zhu X J, Yu G R, Wang Q F, et al. Seasonal dynamics of water use efficiency of typical forest and grassland ecosystems in China[J]. Joural of Forest Research, 2014, 19: 70-76.

[3] 刘宪锋, 胡宝怡, 任志远. 黄土高原植被生态系统水分利用效率时空变化及驱动因素[J]. 中国农业科学, 2018, 51 (2): 302-314.

国典型的生态脆弱区和气候敏感区,本研究从生态系统WUE概念出发,分析并揭示黄土高原植被WUE在年、季节尺度的时空差异,并比较不同植被类型在不同季节下的WUE,为全面了解黄土高原植被WUE的时空变化特征提供参考依据。

(六)植被覆盖对气候及干旱的响应研究

1.植被覆盖对气候的响应研究

在陆地生态系统中,植被覆盖变化受到多方面因素的影响,目前对这些因素如何驱动植被覆盖变化的认知还比较有限。一般将这些影响因素分为两类:一类是自然因素,如地形、气候、CO_2浓度等;另一类是人类活动,如植树造林、城市化、放牧等。自然因素在一定程度上对植被覆盖变化起主要驱动作用,但人类活动也会对植被覆盖变化产生决定性影响。例如,植树造林可直接使地区植被生长显著改善,而快速的城市化则会使地区植被覆盖迅速减少。

NDVI是用于表征植被覆盖度和生长状况的度量指标之一,能够揭示环境的演化。20世纪80年代以来,基于NDVI的植被覆盖动态变化研究已经较为广泛。如Eckert等[1]利用中分辨率成像光谱仪(Moderate-resolution Imaging Spectroradiometer,MODIS)NDVI数据经时间序列分析发现,NDVI适用于植被覆盖变化区域的监测和土地退化与再生的识别,且NDVI呈上升趋势和下降趋势的区域大多与植被增加或减少(土地覆盖等级变化)的区域相吻合。田义超等[2]基于2000—2011年SPOT-VEGETATION逐旬NDVI数据及逐日气温和降水数据,分析了北部湾沿海地区植被覆盖对气温和降水的旬响应特征,得出2000—2011年该区域植被处于恢复状态,且植被对降水和气温的响应具有明显的阈值和滞后性。范广洲等[3]认为高原植被可以通过生理过程,产生净CO_2吸收,从而降低大气CO_2浓度,起到缓解温室效应的作用。气温升高不仅会影响高原植被活动,而且还会

---

[1] Eckert S, Hüsler F, Liniger H, et al. Trend analysis of MODIS NDVI time series for detecting land degradation and regeneration in Mongolia[J]. Journal of Arid Environments,2015,113:16-28.

[2] 田义超,梁铭忠.北部湾沿海地区植被覆盖对气温和降水的旬响应特征[J].自然资源学报,2016,31(3):488-502.

[3] 范广洲,程国栋.影响青藏高原植被生理过程与大气CO_2浓度及气候变化的相互作用[J].大气科学,2002(4):509-518.

造成土壤水分流失,从而加剧土壤干旱。降水是干旱和半干旱地区草地生态系统水分补给的主要来源,有研究指出,植被对水分的吸收在一定程度决定了自身的数量和分布格局。植被生产力受水热要素影响发生变化时,势必会造成整个生态系统功能的变化。可见长时间序列植被数据中蕴藏了气候变化与生态系统的关系,开展大范围、长时间序列植被生长状况的研究具有重要意义。

2.植被覆盖对干旱的响应研究

随着全球气候变暖,各地区干旱发生的频率与强度逐渐增大,植被是陆地生态系统的重要组成部分,干旱的发生会导致植被的生长状况及空间分布发生变化,同时植被的覆盖变化对干旱具有一定的反馈作用,因此目前植被覆盖变化对干旱的响应研究成为全球气候变化研究的热点。

植被在生长过程中需要良好的气候条件,因此植被覆盖度与区域气候干旱程度密切相关,严重的干旱可能造成植被的大面积死亡,已有众多学者从各个不同方向研究了植被对干旱的响应过程。如Vicente-Serrano等[1]基于SPEI结合NDVI、树木径向生长序列及ANPP数据对全球生物群落对干旱的响应进行了研究,指出不同生物群落对不同时间尺度干旱响应的速度不同,旱区植被对干旱的响应更加敏感。刘世梁等[2]研究了云南省植被NDVI时间变化特征及其对干旱的响应,发现多年月均NDVI与不同尺度SPEI的相关性较强且存在滞后性,不同季节NDVI与SPEI的相关性及滞后性有较大差异。张世喆等研究了气候变化下中国不同植被区总初级生产力(Gross Primary Productivity,GPP)对干旱的响应,发现亚热带常绿阔叶林区和热带季雨林区、热带雨林区的GPP受气温和干旱影响相当,青藏高原高寒植被区和针叶、落叶林混交林区的GPP受气温主导,其他植被区GPP均受干旱主导。刘佳茹等[3]研究了2001—2016年祁连山地区植被覆盖度对干旱的响应,结果发现年尺度上,祁连山地区的植被覆盖度与SPEI整体上呈正相关关系,

---

[1] Vicente-Serrano S M, Gouveia C, Camarero J J, et al. Response of vegetation to drought time-scales across global land biomes[J]. Proceedings of the National Academy of Sciences, 2013, 110 (1): 52-57.

[2] 刘世梁,田韫钰,尹艺洁,等.云南省植被NDVI时间变化特征及其对干旱的响应[J].生态学报,2016,36 (15): 4699-4707.

[3] 刘佳茹,赵军,王建邦.2001—2016年祁连山地区植被覆盖度对干旱的响应[J].草业科学,2021,38 (3): 419-431.

且植被覆盖度与SPEI之间相关关系的显著性越大,植被覆盖度对干旱的响应越明显。此外,植被覆盖对干旱的响应除了在区域之间存在差异外,还在时间尺度上存在累积效应和滞后效应。如Zhong等对美国48个州的植被与干旱间关系进行评价,结果发现标准化降水指数(Standardized Precipitation Index,SPI)与VCI的最大相关性在区域上表现为1月在极度干旱地区、4月在干旱地区、7月在半干旱地区、10月在半湿润地区的分布特征。Zhong等①研究黑河流域不同干旱类型与植被覆盖变化的相关性时指出,植被覆盖指数与SPI在短期内存在显著的滞后相关性,与径流干旱指数在1个月内存在显著的滞后相关性。Zhao等研究黄土高原植被生产力对多尺度干旱的响应时发现,该地区植被生产力对3个月尺度的干旱响应最明显②。但由于干旱的复杂性,目前对不同种类植被对干旱的响应机理认识仍有限,也鲜有针对黄土高原植被覆盖对多尺度干旱响应的研究。因此,深入了解植被覆盖与干旱的关系对于准确预测生态系统对气候变化的响应具有重要意义。

(七)植被物候对气候及干旱的响应研究

1.植被物候对气候的响应研究

目前,国内外学者基于不同数据源、不同的提取方法对不同环境因子(海拔、气温、降水、太阳辐射等)与物候的相互关系做了大量研究,早期Jönsson等提出动态阈值法,以植被指数曲线年振幅的百分比作为生长季开始或结束的阈值来提取物候,现有大多数学者基于此方法利用遥感数据,探讨了物候与气象因子和非气象因子之间的关系③。例如,王重洋基于MODIS EVI数据集,采用小波分析、动态阈值法等方法发现中国植被物候空间格局可以很好地体现自然地域分异规律;孔冬冬等根据GIMMS NDVI3g数据运用偏最小二乘法进行回

---

① Zhong F L, Cheng Q P, Wang P. Meteorological drought, hydrological drought, and NDVI in the Heihe River Basin, Northwest China: Evolution and propagation[J]. Advances in Meteorology, 2020, 2020: 2409068.

② Zhao A Z, Zhang A B, Cao S, et al. Responses of vegetation productivity to multi-scale drought in Loess Plateau, China[J]. Catena, 2018, 163: 165-171.

③ Miao L J, Müller D, Cui X F, et al. Changes in vegetation phenology on the Mongolian Plateau and their climatic determinants[J]. PloS One, 2017, 12 (12): 0190313.

归分析，发现青藏高原植被物候变化主要受气温的影响。同时，也有学者根据实地监测数据分析物候受气候变化的影响，早期Chmielewski等[①]通过研究欧洲4种木本植被地面观测数据与不同气候变化的关系，发现气温每升高1℃，植被SOS提前7天，植被EOS推迟5天；近期Huang等（2019）对内蒙古16种草本植被SOS受多因素影响的研究中发现，气温升高，植被SOS会提前。在黄土高原的研究中，雷俊、李强和谢宝妮等分别用不同类型数据对黄土高原物候进行量化分析，均发现近年来黄土高原植被SOS提前和植被EOS推迟是由于受到气温和降水的共同调控，这些结论与现有的认知一致，即物候变化与气温和降水密切相关。但Chen等根据内蒙古地面实测物候数据发现，草本植被SOS在气候变暖的情况下没有发生显著变化，可能的原因是植被物候变化受关键时期气候的影响，而不是整年度气候调节植被物候变化；Wang等[②]也发现内蒙古地区植被SOS受关键时期的气候变化影响明显。Piao等发现升温引起1982—1999年中国温带植被的春季物候提前而秋季物候推迟[③]。Wu和Liu（2013）发现1982—2006年中国6个温带生物群落的春季物候变化并不连续，20世纪80—90年代，气温的升高导致春季物候显著提前，但是在20世纪90年代末期春季物候出现了推迟趋势。以往关于气候变化对物候影响的研究大部分是以年尺度的气候来分析的，忽略了物候对季节性气候的响应，而各季节的气温和降水变化也会对植被物候产生重要的影响。

另有一些研究表明，植被物候变化影响植被生产力、陆地生态系统碳储备及碳循环过程，而气候变化是植被生长的主要驱动力之一，极端气候事件的发生会干扰植被活动，使某些物种的花期提前，甚至导致一些物种不能完成开花周期。有关青藏高原的研究发现，植被EOS受极端气温较极端降雨的影响大，极端气温事件暖指数的升高导致植被EOS延迟，冷指数升高会导致植被提前结束生长，暖昼和暖夜会造成内蒙古秋季物候推迟。有关美国植被物候的研究发

---

① Chmielewski F M, RÖtzer T. Response of tree phenology to climate change across Europe[J]. Agricultural & Forest Meteorology, 2001, 108 (2): 101-112.

② Wang G C, Huang Y, Wei Y R, et al. Inner Mongolian grassland plant phenological changes and their climatic drivers[J]. Science of the Total Environment, 2019, 683: 1-6.

③ Piao S L, Fang J G, Zhou L M, et al. Variations in satellite-derived phenology in China's temperate vegetation [J]. Global Change Biology, 2006, 12 (4): 672-685.

现，高温是导致植被SOS提前的主要因素；有关极端气候对格陵兰岛秋季物候的影响研究发现，气温冷指数升高会使森林EOS提前，气温暖指数升高会导致植被EOS延迟。可见，极端气候事件对气候变化敏感地区的植被物候有较大影响。

以往学者根据不同类型数据对黄土高原物候进行量化分析，均发现近年来黄土高原植被SOS提前和植被EOS推迟是由于受到气温和降水的共同调控。谢宝妮等[①]根据长期NDVI数据，分析了黄土高原植被物候时空变化特征以及植被物候对平均态气候的响应特征，结果表明黄土高原植被物候主要受气温影响。雷俊等[②]分析了黄土高原半干旱区典型植被物候对气候变暖的响应，发现黄土高原草本植物对气候变暖的响应比木本植物更明显。另外，近有研究指出黄土高原区域NDVI与极端气温指数有显著的相关性[③]。然而，这些研究或局限于平均气候对物候影响的研究，或局限于植被NDVI对极端气候响应的分析，而对黄土高原区域植被群落尺度物候变化对季节性气候和极端气候敏感性响应的研究鲜有涉及。黄土高原以其独特的地理条件形成了明显的环境梯度，大多数研究表明黄土高原年总降水量、年均气温和极端降水指数均有自东南向西北变化的趋势，由此产生了能源和水的空间异质性，进而导致了植被呈西北低、东南高的分布格局，即自西北向东南植被从草地过渡到森林。因此，了解影响植被物候的关键因素以及干旱和半干旱地区不同植被类型对气候因子（年平均气候、季节性气候和极端气候）的响应非常重要。

2.植被物候对干旱的响应研究

干旱通常被定义为降水量低于长期平均降水量并持续很长时间的周期性自然气候事件。在全球变暖的背景下，干旱影响着生态系统中各种植被的生长发育，而植被生产力、陆地生态系统碳储备及碳循环深受植被物候的影响。因此，清楚

---

① 谢宝妮，秦占飞，王洋，等.基于遥感的黄土高原植被物候监测及其对气候变化的响应[J].农业工程学报，2015，31（15）：153-160.

② 雷俊，姚玉璧，孙润，等.黄土高原半干旱区物候变化特征及其对气候变暖的响应[J].中国农业气象，2017，38（1）：1-8.

③ 韩丹丹.黄土高原植被变化及其对极端气候的响应[D].西安：中国科学院大学（中国科学院教育部水土保持与生态环境研究中心），2020.

地掌握不同植被物候对干旱的响应，有助于揭示干旱对陆地生态系统的影响，对减少当地生态和经济损失有重要意义。

目前，国内外关于干旱与植被生长之间关系的研究取得了很大进展。Zhang等认为干旱会导致植被生长减缓、生物量减少以及植被死亡率上升，而植被的吸水能力和水分亏缺适应策略可以决定植被的抗旱性和恢复能力[1]。Hanson等[2]证明了根系发达的植被不易受到干旱缺水的影响。此外，不同植被对不同时间尺度的干旱表现出差异性，且不同时间尺度的干旱对植被的生长有明显的时滞效应和积累效应，即植被受到严重干旱后，需要一定的时间来修复受损的根系和恢复到受干旱前的生长能力，而植被恢复时间的长短取决于植被生长环境和植被类型。关于干旱对植被物候影响的研究中，大多研究采用相关分析法，认为干旱对植被物候变化产生了复杂的影响。例如，在干旱年份澳大利亚南部植被SOS没有发生变化，但半干旱山区植被SOS呈现了延迟趋势；在我国，干旱会使内蒙古植被SOS延迟，极端干旱会使青藏高原植被花期提前并缩短花期持续时间，东北地区干旱会导致草地SOS延迟、森林SOS提前。黄土高原地处中国干旱和半干旱地区，是世界上分布最集中且面积最大的黄土区，以往学者大多关注气温和降水对植被生长和植被物候产生的影响，如谢宝妮等采用偏相关分析量化气温和降水对1982—2011年黄土高原植被物候的影响时，发现黄土高原物候受到气温和降水的共同调控，其中气温是主要驱动因子；吉珍霞等[3]研究黄土高原植被物候变化及其对季节性气候变化的响应时，发现黄土高原植被SOS对各季节气温的响应强于各季节降水。由此看来，黄土高原植被物候易受气温的影响。此外，黄土高原属于生态环境脆弱带，植被易受自然灾害，尤其是干旱的影响，持续干旱的发生容易导致植被受到水分胁迫而引发病变和死亡，从而降低植被生产力和碳储存能力，如Wu

---

[1] Zhang Q, Kong D D, Singh V P, et al. Response of vegetation to different time-scales drought across China: Spatiotemporal patterns, causes and implications[J]. Global & Planetary Change, 2017, 152: 1-11.

[2] Hanson P J, Weltzin J F. Drought disturbance from climate change: Response of United States forests[J]. Science of the Total Environment, 2000, 262 (3): 205-220.

[3] 吉珍霞, 裴婷婷, 陈英, 等.黄土高原植被物候变化及其对季节性气候变化的响应[J].生态学报, 2021, 41 (16): 6600-6612.

等[①]研究表明黄土高原干旱的持续时间和严重程度均在增加；但由于干旱固有的复杂性和不确定性，以及不同植被对干旱的抵抗力和恢复力存在差异，关于季节性干旱对不同植被物候影响的研究较少。

（八）WUE对气候及干旱的响应研究

1.WUE对气候的响应研究

大量研究表明气候变化对水分利用效率（WUE）产生显著的影响。例如，Huang等[②]运用遥感数据和基于过程的碳循环模型分析了1982—2008年全球的水分利用效率，发现受CO_2、气候变化和氮沉降的影响，WUE的趋势增加值分别为0.0056 $gC·m^{-2}mm^{-1}a^{-1}$、0.0007 $gC·m^{-2}mm^{-1}a^{-1}$和0.0001 $gC·m^{-2}mm^{-1}a^{-1}$。Sun运用两套遥感数据以及模型对全球WUE的研究表明，在温带和热带地区，WUE的空间变化和降水密切相关，但是在50°N以北地区WUE主要由气温控制，同时，高纬地区WUE随着太阳辐射的增强而提高。作为全球气候变化重要组成部分，降水变化对生态系统植被分布、植被生理生态过程以及水量平衡具有显著的影响。降水的变化既可以通过改变生态系统的蒸发和蒸腾直接影响WUE，也可以通过对土壤含水量的调节作用影响植物的碳吸收，从而间接影响WUE。目前降水变化对植物WUE的影响的研究结果各异，但是大部分研究结果表明随着降水的增加，植物WUE降低。湿润和半湿润地区植物的WUE较低，这是由于降水增加会导致空气湿度上升、土壤含水量增加，植物叶片气孔导度增大，蒸腾速率（Tr）上升，从而WUE降低。Gouveia等[③]发现分布在降水为491~1299 mm的欧

[①] Wu J W, Miao C Y, Zheng H Y, et al. Meteorological and hydrological drought on the Loess Plateau, China: Evolutionary characteristics, impact, and propagation[J]. Journal of Geophysical Research: Atmospheres, 2018, 123 (20): 11569-11584.

[②] Huang M T, Piao S L, Sun Y, et al. Change in terrestrial ecosystem water-use efficiency over the last three decades[J]. Global Change Biology, 2015, 21 (6): 2366-2378.

[③] Gouveia A C, Freitas H. Modulation of leaf attributes and water use efficiency in Quercus suber along a rainfall gradient[J]. Trees, 2009, 23: 267-275.

洲栓皮栎WUE随降水增多而降低。在干旱和半干旱地区，有效水是植物生长的主要控制因子，其减少会增加干旱胁迫，甚至导致森林的消失。也有研究发现，植物会因干旱而提高WUE，以此来减少水分胁迫带来的影响，从而增加对水分的吸收。

另外，有研究指出在整个空间降水梯度下，随着降水的增加，生态系统水分利用效率/降水利用效率会降低或者不变，但是对于某个特定的生态系统，许多研究表明随着降水的增加，生态系统水分利用效率会降低或者提高。降水对水分利用效率影响不一致的结果在一定程度上归因于其他控制因素可能跨时空混淆降水对水分利用效率的影响。和自然降水的空间梯度相比，操作性较强的实验可以控制水分等气候因子，使其不随着其他环境因素发生变化，因此可以直接识别气候对水分利用效率的影响。例如，Niu等[1]对2005—2008年叶片、冠层和生态系统尺度水分利用效率的研究表明，研究期内，气温升高使得冠层和生态系统水分利用效率降低，但是对叶片水分利用效率并未造成影响；同时研究期内，随着降水的增加，冠层和生态系统水分利用效率提高，但是在叶片尺度上，优势物种的水分利用效率降低。气温对植物WUE的影响也存在分歧。不同环境状态下，不同植物进行光合作用的最佳气温差异较大。当环境气温低于光合作用的最佳气温时，光合速率正向响应气温；反之，气温负向影响光合速率。此外，气温通过影响叶片的气孔导度进而影响植物的蒸腾过程。在一定阈值以下，叶片气孔导度随着气温升高而增大，同时，光合速率大于蒸腾速率，从而WUE提高；而当超过某一阈值时，蒸腾速率大于光合速率，从而WUE降低。

2.WUE对干旱的响应研究

随着全球干旱持续增加，干旱对生态系统WUE的影响研究成为区域及全球

---

[1] Niu S L, Xing X R, Zhang Z, et al. Water-use efficiency in response to climate change: From leaf to ecosystem in a temperate steppe[J]. Global Change Biology, 2011, 17 (2): 1073-1082.

尺度上的研究热点与难点。有研究表明，生物群落可以通过提高其WUE来应对缺水条件。然而，这一结论受区域性研究的挑战，例如，Yang等通过对比全球陆地生态系WUE对干旱的响应，发现不同生态系统的WUE对干旱的响应不同。同时，WUE对干旱的敏感性大小随干旱强度、干旱发生时间和生物群落类型而变化。例如，Liu等[1]探讨了干旱事件对不同植被类型WUE的影响，发现不同植被类型的WUE对干旱的响应不同；Xu等发现森林对干旱的抵抗力最强，其次是农田、草地和沙漠。目前，WUE对干旱的响应机制研究仍未达成科学的共识，一些研究发现干旱会使WUE降低，也有研究发现干旱会使WUE提高。此外，人们发现WUE也会受干旱强度和季节性干旱的影响。例如，Tong等发现春季干旱下生态系统WUE会提高；Ma等发现夏季干旱会使WUE降低，WUE在秋季干旱下会升高，而在春季干旱下无明显变化；Xie等[2]发现极端干旱使得春季和夏季生态系统的WUE降低，秋季WUE提高。这表明对WUE与干旱的关系进行更深入研究的需求非常迫切。此外，以往研究大多是基于长期干旱来探讨不同生态系统WUE对干旱的敏感性，很少有人关注季节性干旱对不同生态系统WUE的影响，而这对于理解干旱胁迫下的生态系统循环过程至关重要。另外，干旱程度对WUE的影响研究也较少，且缺乏对黄土高原植被WUE对干旱的响应研究。黄土高原是中国典型的生态脆弱区和气候敏感区，水土流失严重，植被覆盖度低，且近年来极端气候事件增加，加之WUE时空分异明显且逐渐降低，因此评价黄土高原生态安全状况以及分析干旱对黄土高原植被WUE的影响具有重要的现实意义和科学价值。

---

[1] Liu D, Yu C L, Zhao F. Response of the water use efficiency of natural vegetation to drought in Northeast China [J]. Journal of Geographical Sciences, 2018, 28 (5): 611-628.

[2] Xie J, Zha T S, Zhou C X, et al. Seasonal variation in ecosystem water use efficiency in an urban-forest reserve affected by periodic drought[J]. Agricultural and Forest Meteorology, 2016, 221: 142-151.

二、研究内容

在全球变暖的气候背景下，探究黄土高原关键生态水文要素的变化特征及其影响因素，可为该地区未来制定科学合理的生态修复措施提供理论支撑。

1. 黄土高原气候因子的时空变化特征

本研究利用中国气象数据网提供的日气象数据，经 RClimDex 模型质量控制与筛选后，计算 ETCCDI 推荐的极端气候指数（TXx、TXn、TNn、TNx、DTR、RX1day、RX5day）以及年平均气温、年总降水量以及季节性气温、降水量。利用 ANUSPLIN 4.2 软件将所得数据插值为 250 m 分辨率的空间数据集，采用一元线性回归分析气候因子的时空变化特征。

2. 黄土高原干旱指数的时空变化特征

基于降水与气温月格点数据计算 SPEI，利用 ANUSPLIN 4.2 薄板样条法插值生成 500 m 分辨率的栅格数据集。采用 Theil−Sen 中位数趋势法和 Mann−Kendall 检验法，分析年尺度与季节尺度的干旱变化特征，分别对森林、草地和灌丛三种植被类型的 SPEI 进行对比分析，并运用 NAR 神经网络结合 Hurst 指数预测未来干旱趋势。

3. 黄土高原植被覆盖及植被物候的时空变化特征

基于 250 m 和 1 km 分辨率的 MOD13A2 NDVI 数据，经 Savitzky-Golay 滤波平滑处理后，采用像元二分模型计算植被覆盖度，利用动态阈值法提取植被物候期（SOS 和 EOS），并进行实测数据验证。通过 Theil-Sen 中位数趋势法与 Mann-Kendall 检验法分析植被覆盖度及物候的年际、季节变化特征，对比森林、草地和灌丛三种植被类型的差异，评估不同地形对植被物候的影响，并采用 Hurst 指数进行趋势预测。

4. 植被覆盖及植被物候对气候和干旱的响应分析

依据 ANUSPLIN 4.2 插值的气候数据集、R 语言计算的 SPEI 及经验证的植被物候数据，运用岭回归分析植被覆盖与植被物候对年际和季节尺度气候及干旱的响应。通过随机森林模型分析 7 个极端气候因子对植被物候的影响，并根据因子重要性得分，明确极端气候因子对植被物候的关键影响。

5. 黄土高原 WUE 的时空变化特征及影响因素

基于 MOD17A2 GPP 和 MOD16A2 ET 数据计算 WUE，探讨年际和季节尺度 WUE 变化特征，采用 Theil-Sen 中位数趋势法与 Mann-Kendall 检验法进行趋势分析，并对比森林、草地、灌丛三种植被类型的 WUE 差异。采用岭回归分析 WUE 对年际、季节性气候与干旱变化的敏感性，并选取典型干旱年份评估干旱强度对生态系统 WUE 的影响。

三、技术路线

本研究基于黄土高原气象数据、遥感 NDVI 数据及生态指标（GPP、ET），采用 RClimDex 质量控制与 ANUSPLIN 插值方法，系统分析了气候因子、干旱指数（SPEI）、植被覆盖度、植被物候及水分利用效率（WUE）的时空变化特征；结合 Theil-Sen 中位数趋势法、Mann-Kendall 检验法与岭回归分析，探讨了植被覆盖度、植被物候及 WUE 对年际、季节尺度气候和干旱变化的响应机制，并利用随机森林模型明确极端气候因子对植被物候的关键影响，进一步采用 Hurst 指数和 NAR 神经网络法预测了未来变化趋势，以期为黄土高原植被应对气候变化及生态系统的可持续发展提供理论基础。具体技术路线如图 1-1 所示。

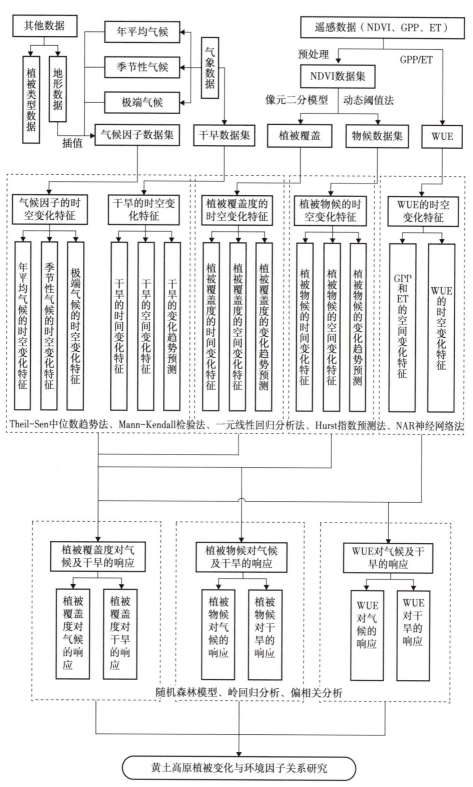

图 1-1 技术路线图

第三节　研究区概况及数据整理

一、研究区概况

黄土高原地处中国西北地区，是位于日月山以东、太行山以西、秦岭以北、阴山以南的广大地区（100°52′~114°33′E，33°41′~41°16′N），海拔高度为83~5022 m，是世界上分布最集中且面积最大的黄土区，也是中华民族古代文明的发祥地之一。东西长约1300 km，南北宽约700 km，总面积约$6.4×10^5$ km^2，包括青海、甘肃、宁夏、内蒙古、陕西、山西、河南七个省区的部分地区，主要由山西高原、陕甘晋高原、陇中高原、鄂尔多斯高原和河套平原组成。黄土高原约占中国陆地总面积的6.6%，居住了超过1亿的人口，人口密度达到每平方千米167人，这对当地脆弱的生态系统以及自然资源产生了巨大的压力。

黄土高原地势西北高、东南低，气候受经纬度和地形的双重制约，由东南湿润季风气候向西北干旱气候过渡，冬季寒冷、干燥、多风沙，夏季炎热、多暴雨。该地区年降水量为150~800 mm，且多集中于6—9月，其降水量占全年降水量的55%~78%，属于典型的大陆季风气候特征。黄土高原的水资源仅占全国水资源的2%，但是主要河流的水分利用率却达到了70%，远远超过了国际公认的40%的水分利用率。年均气温为3.6~14.3 ℃，其水平分布和垂直分布差异较大。黄土高原的蒸发量普遍高于实际降水量，年蒸发量为1400~2000 mm，其总体趋势是南低北高、东低西高。另外，黄土高原地区的土壤主要有六大类：黄绵土、褐土、垆土、黑垆土、灌淤土和风沙土。

从20世纪50年代末开始，随着黄土高原地区人口增多，区域开发速度加快。由于过度毁林开荒、开垦耕地及过度放牧，加之脆弱的自然环境，黄土高原地表植被覆盖迅速减少，且土地退化较为严重。同时，黄土高原表土疏松，进一步加剧了水土流失及荒漠化，使得黄土高原生态环境趋于恶化。为改善生态环境，我国在1999年开始实施退耕还林还草工程，刚开始四川、陕西、甘肃三省率先开展退耕还林还草试点，后来黄土高原大部分地区开始广泛推行。据报道，自退耕还林还草工程实施以来，黄土高原的植被类型以及植被覆盖均发生了显著变化，黄土高原土壤侵蚀等生态问题得到缓解，但是同时衍生出一些新的问题，如土层干旱程度加重、径流和泥沙量减少以及蒸散发量减少等。黄土高原植被受气候影响呈东南—西北走向的水平地带性分布，主要植被类型有森林、灌丛、草地和农田，其中草地占65.0%，农田占24.2%，森林占6.2%，灌丛占0.3%（见图1-2）。

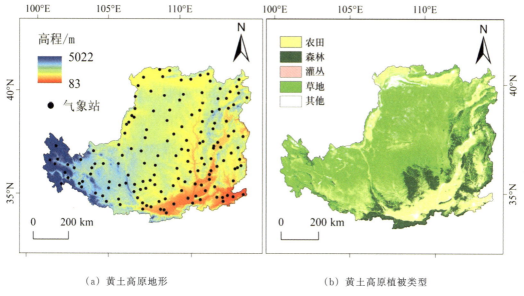

(a) 黄土高原地形　　　　　　　　(b) 黄土高原植被类型

图1-2　黄土高原地形和植被类型①

二、数据来源与预处理

（一）遥感数据

1. NDVI数据

植被指数是根据不同卫星相应波段的探测数据组合而成的，可以定量地反映植被的生长状况。归一化差值植被指数（Normalized Difference Vegetation Index，NDVI）是应用较广且能够较好地反映植被生长及生产力的植被指数。NDVI被定

---

① 审图号：GS（2022）1873号。

义为近红外波段与可见光红波段反射率之差和这两个波段反射率之和的比值,即

$$\text{NDVI} = \frac{\rho_{\text{NIR}} - \rho_{\text{RED}}}{\rho_{\text{NIR}} + \rho_{\text{RED}}} \quad (1\text{-}1)$$

式(1-1)中,ρ_{NIR}为近红外波段反射率;ρ_{RED}为可见光红波段反射率。

本研究采用NDVI计算植被覆盖度以及提取植被物候参数。NDVI来源于美国国家航空航天局(National Aeronautics and Space Administration,NASA)MODIS监测的土地覆盖动态产品(MOD13Q1 NDVI),空间分辨率为250 m,时间分辨率为16 d,秦格霞等将NDVImean=0.05作为排除非植被的阈值[①]。由于遥感影像获取时受云和大气的影响很大,需对NDVI数据进行降噪和平滑处理,本研究利用Savitzky-Golay滤波法对NDVI数据进行时间序列重构以去除噪声。首先,在曲线重构过程中采用Spike Method剔除原始NDVI曲线的无效点;其次,在原始NDVI数据上构建滤波窗口;最后,通过对原始NDVI时序数据窗口进行平滑处理,实现对整条曲线的拟合。具体公式如下:

$$Y_j = \frac{\sum_{i=-m}^{i=m} C_i Y_{j+i}}{N} \quad (1\text{-}2)$$

式(1-2)中,Y_j为拟合之后的NDVI序列数据;Y_{j+i}为原始NDVI序列数据;C_i为滤波系数;N为滑动窗口的大小($N=2m+1$)。

滤波前后数据比较见图1-3。

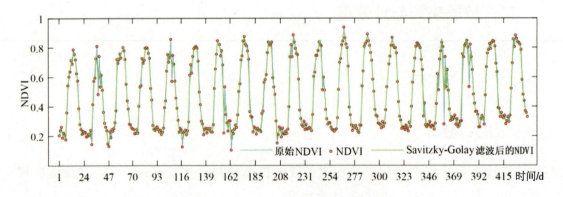

图1-3 Savitzky-Golay滤波时间序列重构前后数据对照

---

① 秦格霞,吴静,李纯斌,等.中国北方草地植被物候变化及其对气候变化的响应[J].应用生态学报,2019,30(12):4099-4107.

2.GPP和ET数据

本研究采用GPP和ET数据计算WUE。MODIS GPP（MOD17A2）和MODIS ET（MOD16A2）产品数据均来自NASA陆地过程分布式数据档案中心，空间分辨率均为1 km，时间分辨率为8 d。该数据相较于MODIS C5数据而言，不仅空间分辨率得到提高，而且在一定程度上消除了因卫星传感器老化而造成的各种问题。MODIS GPP（MOD17A2）是根据光利用效率模型估算得到的空间分辨率为1 km的数据集，它的输入数据来源于NASA全球建模和同化办公室（Global Modeing and Assimilation Office，GMAO）的气候数据，其中详细的植被信息（如植被光合有效辐射吸收比率FAPAR）来源于2000年到2022年的MODIS遥感数据。MODIS ET是根据彭曼公式（Penman-Monteith Equation，P-M公式），使用增强的植被指数作为输入参数而计算得到的一套数据集。MODIS ET和MODIS GPP这两种数据产品都有各自的数据质量控制文件，表示了不同区域ET和GPP产品的质量可靠性。通过查阅文献对比这两套数据计算WUE的可行性，发现在北半球温带地区（30°~50°N）运用MODIS数据得到的WUE和用其他数据源得到的WUE结果较为一致，而本书的研究区域黄土高原正好位于北半球温带地区内，这也进一步验证了运用MODIS数据计算WUE的合理性。

（二）黄土高原NDVI数据的验证

通过对比基于GIMMS NDVI3g和MODIS NDVI的黄土高原植被指数的空间变化，发现两套数据的空间分布特征较为一致，NDVI都是从西北向东南逐渐升高，即植被覆盖度逐渐上升。同时，GIMMS NDVI3g的平均值为0.30±0.12，MODIS NDVI的平均值为0.30±0.15，说明两套数据能较为一致地反映黄土高原的植被覆盖情况。如图1-4所示，图1-4（a）是基于GIMMS NDVI3g的黄土高原植被生长空间分布，图1-4（b）是基于MODIS NDVI的黄土高原植被生长空间分布。由于本书第五章研究的时间尺度为1982—2011年，因此选用GIMMS NDVI3g。另外，通过计算GIMMS NDVI3g在1982—2014年的年际变化（见图1-5），发现2005年之前NDVI变化趋势不明显，而到2005年以后，NDVI出现了一个明显的上升趋势，这可能和退耕还林还草工程的实施有关。1999年我国开始实施退耕还林还草工程，但是植被的生长有一定的滞后性，因此NDVI在2005年开始上升。

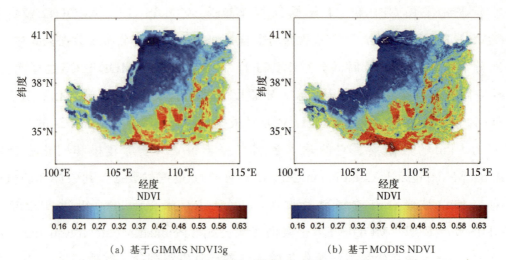

(a) 基于GIMMS NDVI3g　　　　(b) 基于MODIS NDVI

图1-4　黄土高原2000—2014年归一化差值植被指数空间分布

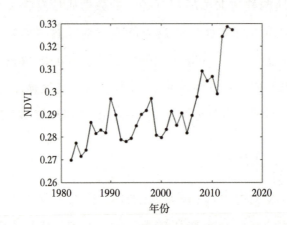

图1-5　黄土高原1982—2014年归一化差值植被指数年际变化

图1-5中NDVI的变化趋势基于GIMMS NDVI3g，尽管本章对书中涉及的主要遥感数据进行了对比和验证，但是由于卫星观测的系统误差以及数据产品计算时的运算误差，依旧不能保证所用数据和实地情况完全吻合，运用多数据源、多模型来探究某一区域的具体问题是必要的。

（三）黄土高原蒸散发数据验证

蒸散发过程较为复杂，因此ET的测定及计算一直是水文研究的难点之一，尽管涡度相关站点的实测数据能够较好地反映ET的实际情况，但是并不能满足长时间序列且高时空分辨率的需求，因此很多学者从不同角度运用多种方法对ET数据进行计算。目前应用比较广泛的ET数据主要有以下产品：①通过改进的MODIS算法（MOD16算法）得到的MODIS ET[①]。MOD16算法最初是依据P-M公式来进行计算的。该算法充分考量了地表能量分配过程，以及大气对蒸散发起到的驱动作用。在具体应用中，MOD16算法把MODIS地表覆盖、反射率、叶面积指数、增强的叶面积指数（EVI），还有NASA全球建模和同化办公室提供的气象数据等，当作输入数据来进行制图，并用于计算区域以及全球范围内的蒸散发情况。众多学者针对MODIS ET展开了验证工作。例如，Velpuri等人在2017年运用涡度相关数据，分别在点尺度和流域尺度上，对两套MODIS ET产品，也就是MODIS Global ET（MOD16）和Operational Simplified Surface Energy Balance（SSEBop）进行验证，结果发现这两套MODIS ET能够较为精准地对流域尺度上的蒸散发情况予以反映。Feng等将MODIS ET数据与通过经验公式计算得出的黄土高原蒸散发数据进行对比，发现这两套数据在2005年和2006年的相关系数分别达到了0.74和0.72。另外，从植被蒸腾过程这个角度来看，MOD16 ET数据集对于水分限制气孔导度有着清晰明确的定义。在MODIS ET的算法运行过程中，水汽压差（VPD）和地表空气温度是对气孔导度以及蒸散发进行评估的主要变量。通常情况下，高温往往伴随着较高的VPD，而这会致使气孔出现部分甚至完全关闭的现象，进而使得植物蒸腾以及蒸散的量有所减少。正是基于上述种种特点及验证情况，MODIS ET在区域以及全球的生态系统水文循环等相关研究领域中得到了广泛的应用。②根据全球涡度相关数据外推得到的全球尺度的ET数据FLUXNET ET。该套数据对能量平衡闭合假设了一个固定的波文比从而对其进行了修正。同时，Jung等[②]通过模型对这套数据进行验证，结果表明FLUXNET ET能够较好地反映全球蒸散发变化。③Piao等根据水量平衡计算的全球ET数据。④Zhang根据修正的P-M公式计算得到的全球ET数据。⑤在中国应用广泛且空间分辨率较高的ET产品，ETWatch和ETMonitor。已有学者将

---

① Mu Q Z, Zhao M S, Running S W. Improvements to a MODIS global terrestrial evapotranspiration algorithm[J]. Remote Sensing of Environment, 2011, 115 (8): 1781-1800.

② Jung M, Reichstein M, Ciais P, et al. Recent decline in the global land evapotranspiration trend due to limited moisture supply[J]. Nature, 2010, 467 (7318): 951-954.

ETWatch用于海河流域实际蒸散发研究[①],将ETMonitor用到黑河流域蒸散发研究。以上多套ET数据均存在各自的优点和弊端,本书应用MODIS ET以及FLUXNET ET,并通过涡度相关站的实测数据对其进行验证。同时,笔者搜集了这两套数据近几年在黄土高原以及全球的使用情况,以验证这两套数据在黄土高原使用的合理性(见表1-1)。

表1-1 MODIS ET和FLUXNET ET在黄土高原以及全球的应用

参考文献	MODIS 数据	FLUXNET 数据	研究区域
Pei等（2016）	MODIS ET	FLUXNET ET	黄河流域
Xiao（2014）	MODIS ET/MODIS GPP		黄土高原
Zhang等（2016b）	MODIS ET		黄土高原
Li等（2016）	MODIS ET	FLUXNET ET	黄土高原
Li等（2014）	MODIS ET		黄土高原
Wang等（2015）	MODIS ET和水量平衡ET对比		黄土高原
Feng等（2012a）	MODIS ET和模型得到的ET验证		黄土高原
Liu等（2015）	MODIS ET/MODIS NPP		中国
Kim等（2012）	MODIS ET		亚洲
Velpuri等（2013）	MODIS ET		美国
Lu和Zhuang（2010）	MODIS GPP		美国
He等（2017）	MODIS ET /MODIS GPP		全球
Sun等（2016）	MODIS ET	FLUXNET ET	全球
Huang等（2015b）		FLUXNET ET/FLUXNET GPP	全球
Yang等（2016）		FLUXNET ET/FLUXNET GPP	全球
Jung等（2010）		FLUXNET ET	全球

---

① Wu B F, Yan N N, Xiong J, et al. Validation of ETWatch using field measurements at diverse landscapes: A case study in Hai Basin of China[J]. Journal of Hydrology, 2012, 436: 67-80.

1.FLUXNET ET 和 MODIS ET 的时空对比

如图1-6所示,基于FLUXNET ET和MODIS ET的2000—2011年黄土高原平均蒸散发表现出较为一致的空间分布,从西北到东南逐渐增加,但二者在数值上存在一定差异。MODIS ET多年平均值为(344.00±129.94)mm,变化范围为110.82~991.46 mm;FLUXNET ET多年平均值为(390.04±126.82)mm,变化范围为156.03~688.11 mm。由此可以看出,FLUXNET ET的数值较为集中,而MODIS ET的数值波动较大。另外,图1-6(b)中黄土高原北部有一块区域的MODIS ET值为空值,这部分土地以荒漠为主,这主要和MODIS ET的处理过程有关。有研究表明,MODIS ET在没有高植被覆盖(水体、裸地、稀疏植被地、永久冻雪及冰地)的像元点并没有计算蒸散发,但是部分研究中此种土地类型的像元点却有数值填充[1],而本研究并未涉及荒漠及裸地等没有高植被覆盖的土地类型(本研究涉及森林、草地、灌丛三种土地类型),因此可以避免由于数值缺失或者错误的数据填充而出现数值偏差问题。在以农田为主的黄土高原东南部地区,FLUXNET ET和MODIS ET的数值相差较大,但是此种土地利用类型在本研究中也未考虑,因此可以忽略农田产生的数值差异。

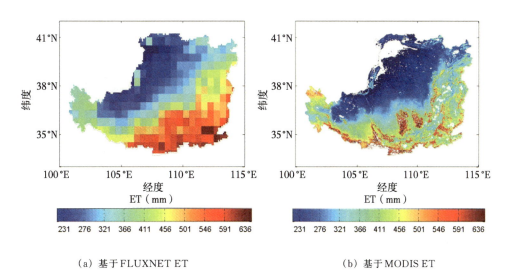

(a) 基于FLUXNET ET (b) 基于MODIS ET

图1-6 黄土高原2000—2011年平均蒸散发空间分布

---

[1] Hu G C, Jia L. Monitoring of evapotranspiration in a semi-arid inland river basin by combining microwave and optical remote sensing observations[J]. Remote Sensing, 2015, 7 (3): 3056-3087.

本章对 FLUXNET ET 和 MODIS ET 在春季、夏季和秋季三个季节的空间分布进行对比，发现三个季节两套数据差异最大的区域仍是以农田为主的东南部地区，其他区域两套数据的空间分布较为一致，同时，两套数据在秋季的空间分布最为接近（见图1-7）。另外，对 FLUXNET ET 和 MODIS ET 去趋势并进行对比，发现两套数据在长时间序列的年尺度上拟合最好，三个季节中某些年份的数值差异较大（见图1-8）。

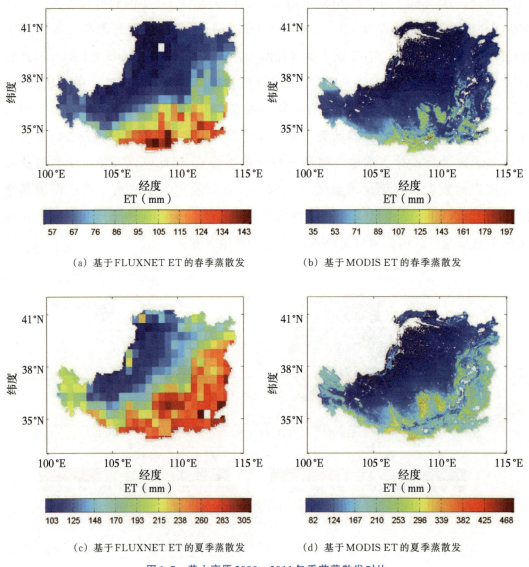

(a) 基于FLUXNET ET的春季蒸散发　　(b) 基于MODIS ET的春季蒸散发

(c) 基于FLUXNET ET的夏季蒸散发　　(d) 基于MODIS ET的夏季蒸散发

图1-7　黄土高原2000—2011年季节蒸散发对比

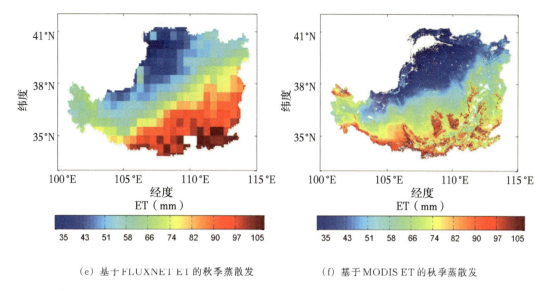

(e) 基于FLUXNET ET的秋季蒸散发　　　　(f) 基于MODIS ET的秋季蒸散发

续图 1-7

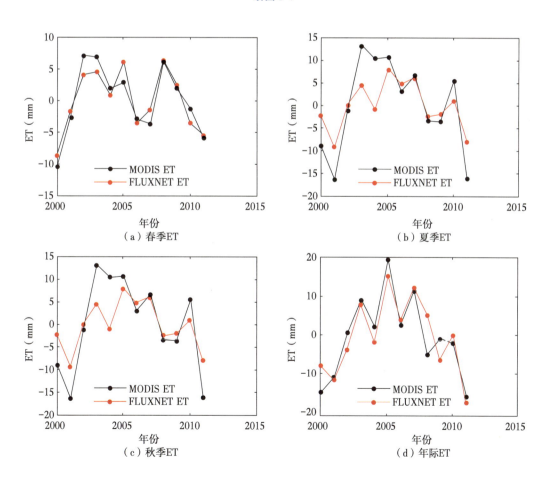

图 1-8　2000—2011 年黄土高原 ET 去趋势变化对比

2. 涡度相关站点 ET 和 MODIS ET 的对比

本研究中涉及的涡度相关站点包括黄土高原长武涡度站以及其他 7 个全国涡度相关站点。首先将通量塔中 30 分钟的潜热数据统一到月尺度且统一为蒸散发数据，然后根据各涡度相关站点的地理坐标，提取相应坐标上 MODIS ET 的值，最后将提取的 MODIS ET 数据分别和涡度相关站点 ET 数据进行对比，如图 1-9 所示。图 1-9（a）是涡度站点 ET（EC ET）和 MODIS ET 在 1 : 1 线上的对比图，图中的公式为涡度站点 ET 和 MODIS ET 的拟合公式，R^2 为拟合优度；图 1-9（b）是涡度站点 ET 和 MODIS ET 的逐月对比图。

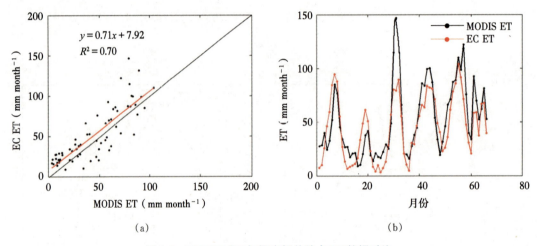

图 1-9　MODIS ET 与涡度相关站点 ET 数据对比

对比发现，MODIS ET 大部分分布在 1 : 1 线上方，说明该套 ET 数据相比实际观测值偏高，同时，MODIS ET 和涡度站点 ET 的拟合优度为 0.70，说明两套数据在趋势上比较一致。

综上，FLUXNET ET 和 MODIS ET 表现出较为一致的空间分布，同时两套数据去趋势以后在年尺度上的相似程度最高，尽管在季节尺度上数值有所差异，但是整体趋势一致。另外，将全国涡度相关站点的 ET 数据和 MODIS ET 进行对比，发现 MODIS ET 与实际观测数据的拟合优度为 0.70，但是 MODIS ET 数据可能被过高估计。本书在第五章探究长时间序列尺度上 ET 的季节性差异时应用 FLUXNET ET，而在第六章探究生态系统水分利用效率时应用 MODIS ET。

（四）气候数据

日气温和日降水数据来源于中国气象数据网（https://data.cma.cn/）的日值数据集，时间跨度为2001—2018年。季节性气候的划分：12月至翌年2月定义为冬季（年初冬季），3月至5月定义为春季（当年春季），6月至8月定义为夏季（上年夏季和当年夏季），9月至11月定义为秋季（上年秋季和当年秋季）。其中，年初冬季、当年春季、当年夏季和当年秋季数据用于季节性气候的时空变化分析。考虑到黄土高原植被SOS主要发生在3月至5月，植被EOS主要发生在9月至10月，本研究确定的极端气候和年平均气候数据总共为3套：第一套是上年6月初到当年5月底的气候数据，用于分析植被SOS对极端气候和年平均气候的响应；第二套是上年12月初到当年11月底的气候数据，用于分析植被EOS对极端气候和年平均气候的响应；第三套是当年1月初到12月底的气候数据，用于极端气候和年平均气候的时空变化分析，以及用于植被覆盖度和WUE对气候的响应分析。极端气候指数的计算具体为：首先利用RClimDex模型对选取的数据进行质量控制，最终筛选出研究区域的60个站点，而后采用ETCCDI推荐的常用气候指数，选取TXx指数、TXn指数、TNn指数、TNx指数、DTR指数、RX1day指数和RX5day指数（见表1-2），以反映气温事件的边缘态和降水事件的极端态，利用RClimDex模型和MATLAB软件计算各指数的时间序列。采用专业气象插值软件ANUSPLIN 4.2将年尺度和季节尺度数据插值为空间分辨率为250 m的栅格数据，这套数据选用了黄土高原及其周边252个气象站点1982—2011年的月尺度降水和气温数据。

表1-2 极端气候指数的定义与分类

分类	指数简称	指数	定义	单位
气温类指数	TXx	日最高气温的最大值	每年日最高气温最大值	℃
	TXn	日最高气温的最小值	每年日最高气温最小值	℃
	TNn	日最低气温的最小值	每年日最低气温最小值	℃
	TNx	日最低气温的最大值	每年日最低气温最大值	℃
	DTR	气温日较差	每年日最高气温与最低气温的差值	℃

续表

分类	指数简称	指数	定义	单位
降水类指数	RX1day	连续1天最大降水量	每年日降水量的最大值	mm
	RX5day	连续5天最大降水量	每年连续5天降水量的最大值	mm

本研究计算SPEI的数据源于国家气象科学数据中心整合的逐月格点降水和气温资料，这些数据基于国家气象科学数据中心整编的全国2400多个站点的降水和气温资料，较传统站点数据具有更好的空间连续性、均一性和代表性，且质量控制和同质性检验较好，对于研究干旱特征有较高的应用价值[①]。本研究运用黄土高原及其周边448个格点数据利用R语言计算得到SPEI，时段为1986—2019年，水平分辨率为$0.5°×0.5°$，并采用ANUSPLIN 4.2软件插值为500 m×500 m分辨率的SPEI栅格数据，用于表征黄土高原干旱特征。

（五）黄土高原气温、降水数据的验证

为了对插值结果进行验证，且消除自相关的影响，将气象站点的数据分为两部分：一部分（202个）用于做空间插值；另一部分（50个）用于验证。对比发现插值降水数据和验证降水数据的拟合优度达到0.96，插值气温数据和验证气温数据的拟合优度达到0.95（见图1-10）。这说明运用ANUSPLIN 4.2软件得到的气象数据能够很好地反映黄土高原降水以及气温的实际情况。图1-10（a）是利用ANUSPLIN 4.2软件插值得到的气温数据和对应的气象站点气温数据的拟合图；图1-10（b）是利用ANUSPLIN 4.2软件插值得到的黄土高原1982—2011年的气温变化图。同时，本研究将插值得到的降水数据和中国科学院青藏高原研究所的中国驱动数据集的降水数据进行了对比，发现这两套数据的长时间序列无论是在季节尺度还是在年尺度上，都能表现出很好的一致性（见图1-11）。图1-11中黑色点画线是运用ANUSPLIN 4.2软件插值得到的降水数据，红色点画线是中国科学院青藏高原研究所的中国驱动数据集中的降水数据。由于插值得到的数据具有更高的空间分辨率，本研究选用的降水和气温数据均由ANUSPLIN 4.2软件插值

---

① 张乐园，王弋，陈亚宁.基于SPEI指数的中亚地区干旱时空分布特征[J].干旱区研究，2020, 37 (2): 331-340.

得到。另外，结果发现插值气温在1982—2011年呈现上升趋势，尤其是在2004年及以后，年均气温明显高于2004年之前，说明研究区域的升温较为明显。

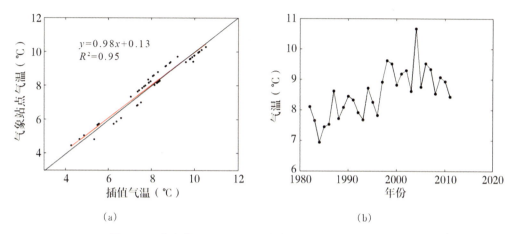

图1-10　黄土高原1982—2011年气温数据验证及年际变化

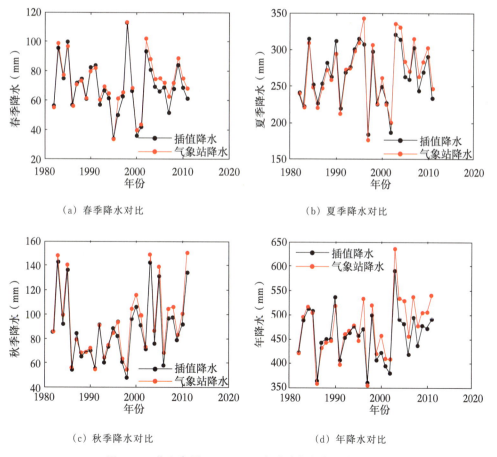

图1-11　黄土高原1982—2011年降水数据年际变化对比

（六）土地利用数据

土地利用数据来源于由 NASA 提供的 MODIS 土地利用覆盖图（MCD12Q1 产品），数据的空间分辨率为 500 m，时间节点为 2001 年和 2018 年两期。MCD12Q1 产品根据国际地圈生物圈计划（IGBP）将土地覆盖定义为 17 种类型，包括 11 种自然植被类型，3 种土地利用和土地镶嵌的地类，以及 3 种无植被生长的土地类型。

黄土高原土地利用类型主要有常绿针叶林、落叶阔叶林、混交林、郁闭灌木林、稀疏灌木林、草地、水体、湿地、耕地、城镇用地、稀疏草原、荒漠、农田以及自然植被混交地等 14 种。考虑到黄土高原自退耕还林还草工程实施以来，环境治理成效显著，不同植被受退耕还林还草的影响较大，故去除了土地利用类型发生变化的区域，在 ArcGIS 10.2 中仅提取 2001—2018 年土地利用类型未发生变化的区域，通过 ArcGIS 10.2 重分类得到森林、灌丛、草地、农田以及其他 5 种植被类型，本研究主要运用前 3 种植被类型。

（七）高程数据

30 m 分辨率的数字高程模型（Digital Elevation Model，DEM）数据来源于中国科学院资源环境科学数据平台（https://www.resdc.cn/Default.aspx），在 ArcGIS 10.2 中利用重分类和按掩膜提取等工具对数据进行处理得到黄土高原 250 m 分辨率的 DEM 数据。该数据用于作为 ANUSPLIN 4.2 软件插值气象数据的协变量，以及作为计算地形因子（坡度和坡向）的基础数据。

（八）物候数据验证

物候实测站点数据来源于国家生态科学数据中心，包括沙坡头站、鄂尔多斯站、海北站 3 个站点的物候观测数据，记录了草地萌芽期、开花期、结实期、种子散布期和枯黄期数据。因地面观测的物候期是从植物个体尺度观测的，为增强验证数据的可比性，根据侯学会等的建议剔除记录时间与其他数据相差 30 天以上的记录，并将 3 个地面观测站点数据的草地萌芽期和枯黄期定义为植被 SOS 和植被 EOS。

本研究采用空间分辨率为250 m、时间分辨率为16 d的MODIS NDVI数据，这相比于以往研究，空间分辨率更高。通过分析2001—2018黄土高原植被物候变化趋势，发现结果与谢宝妮等（2015）、秦格霞等（2019）和黄文琳等（2019）的研究结果大致相同（见表1-3）。此外，本研究利用地面站点观测的物候数据对反演得到的物候结果进行验证。如图1-12所示，遥感识别的植被SOS与地面观测的植被SOS相关系数为0.60（$P<0.05$），偏差（Bias）为0.29；遥感识别的植被EOS与地面观测的植被EOS相关系数为0.76（$P<0.05$），偏差（Bias）为0.75。除个别观测数据外，遥感识别的植被SOS和植被EOS与观测数据误差基本在16天之内，考虑到遥感图像的时间分辨率，这些误差仍在可接受的范围内，验证结果表明本研究提取的物候参数具有较高的可靠性，能够反映该区域物候的基本特征。

表1-3 本研究物候结果与其他研究结果的比较

文献来源	研究区域	植被类型	植被SOS	植被EOS	研究时段	分辨率
本研究	黄土高原	自然植被	第96～144天	第288～304天	2001—2018年	250 m
谢宝妮等（2015）	黄土高原	自然植被	第96～150天	第283～305天	1982—2011年	5 km
秦格霞等（2019）	中国北方	草地植被	第90～150天	第270～300天	1983—2015年	8 km
黄文琳等（2019）	内蒙古	自然植被	第120～160天	第275～295天	1982—2013年	8 km

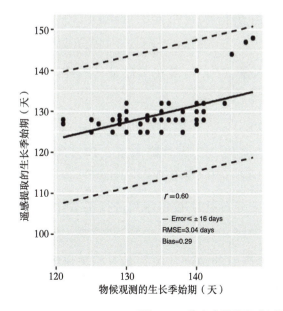
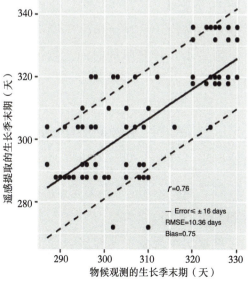

图1-12 黄土高原物候监测结果与站点观测数据的比较

三、研究方法

（一）标准化降水蒸散发指数（SPEI）计算

不同时间尺度（从1个月到48个月不等）的SPEI代表了上一时期的累积用水量状况（亏空或过剩），可用于描述不同类型的干旱事件。在本研究中，我们选取3个月尺度的SPEI来表示季节性干旱，因为3个月尺度的SPEI可以反映干旱的季节性变化特征。该指数基于降水、气温、湿度等气候数据计算蒸散量，得到每月水平衡，对降水量和蒸散量之间的差值序列累积概率值进行正态标准化，用降水量和蒸散量之间的差值与其平均状态的偏离程度来揭示区域的干旱特征。该指数结合了SPI的多尺度效用与Palmer干旱严重度指数对气温和降水的敏感性，是研究气候变暖条件下干旱的有效工具。因此，本研究中使用SPEI来评估黄土高原气候的干旱情况。具体计算步骤如下：

第一步：计算潜在蒸散量。公式如下：

$$\text{PET} = 16(\frac{N}{12})(\frac{M}{30})(\frac{10T}{H})^A \tag{1-3}$$

式（1-3）中，PET为潜在蒸散量；T为月平均气温（℃）；N为最大日照时数；M为当月天数；H为热指数；A为常数，由热指数H决定，$A = 0.492 + 1.79 \times 10^{-2}H - 7.71 \times 10^{-5}H^2 + 6.75 \times 10^{-7}H^3$。

第二步：计算不同时间尺度下逐月降水量（P）与潜在蒸散量（PET）的差值累积。

$$D_i = P_i - \text{PET}_i \tag{1-4}$$

式（1-4）中，D_i为降水量与潜在蒸散量的差值；P_i为月降水量；PET_i为月蒸散量。

第三步：采用3个参数的log-logistic概率分布对D_i数据序列进行正态标准化，得到SPEI系列。

根据国家气象干旱等级标准，结合黄土高原的地理特性并参考相关研究划分的干旱等级，本研究划分5个干旱等级来分析黄土高原地区的干旱特征（见表1-4）。SPEI越小，干旱程度越强。

表 1-4　基于 SPEI 的干旱等级划分

标准化降水蒸散发指数	干旱等级
0＜SPEI	无干旱
−1＜SPEI≤0	轻度干旱
−1.5＜SPEI≤−1	中度干旱
−2＜SPEI≤−1.5	重度干旱
SPEI≤−2	极端干旱

（二）干旱发生频率计算

分别统计每个格网 1986—2019 年年尺度和季节尺度的 SPEI，并根据表 1-4 进行干旱等级划分。将各时间尺度 SPEI＜0 的值落入相应等级，记下每个等级的频次，将不同等级干旱在每个时段内出现的频率作为其发生频率。

（三）植被覆盖度计算

植被覆盖度是衡量生态变化的重要指标，可以直观地反映植被丰度，本研究采用 NDVI 测算黄土高原植被覆盖度。公式如下：

$$V_c = \frac{\text{NDVI} - \text{NDVI}_s}{\text{NDVI}_v - \text{NDVI}_s} \tag{1-5}$$

式（1-5）中，V_c 为植被覆盖度；NDVI_s 为研究区域所有像元中最小 NDVI 值，即裸土的 NDVI 值；NDVI_v 为研究区域最大 NDVI 值，即纯植被像元的 NDVI 值。考虑到遥感影像易受大气环境和地表众多因素的影响，本研究采用 0.5% 置信度截取 NDVI 的上下阈值。将 NDVI 数值最大的 0.5% 区域求平均值作为 NDVI_v，将 NDVI 数值最小的 0.5% 区域求平均值作为 NDVI_s。

（四）物候数据的提取

物候期提取的常用方法有阈值法、滑动平均法和最大比率法等，本研究采用动态阈值法提取研究期内历年植被物候期。植被物候期以当年 1 月 1 日为起点进行计算，即 1 月 1 日为第 1 天，1 月 2 日为第 2 天……由此得到植被 SOS 和植被 EOS；植被 SOS 和植被 EOS 之间的自然天数即为植被生长季长度。不同学者根据不同研究区域在提取物候期时往往设定的阈值各有不同，本研究设置了 0.2、0.5、0.6 和 0.8 的阈值，将提取的物候数据与已有文献物候数据进行对比，最后采用了动态阈值为 0.2 和 0.8 的物候数据。将 NDVI 曲线上升阶段，距离最小值为最大值与最小值间距离的 20% 的时间点定义为植被 SOS；将 NDVI 曲线下降阶段，距离最大值为最大值与最小值间距离的 80% 的时间点定义为植被 EOS。由于 Timesat 3.2 软件只能从 n 年数据中提取到 ($n-1$) 年的物候参数，故本研究根据 2001—2019 年的 NDVI 数据最终得到 2001—2018 年的物候数据。动态阈值法模型如下：

$$\mathrm{NDVI}_{ratio} = \frac{\mathrm{NDVI} - \mathrm{NDVI}_{min}}{\mathrm{NDVI}_{max} - \mathrm{NDVI}_{min}} \tag{1-6}$$

式（1-6）中，NDVI_{ratio} 为输出比值；NDVI 为归一化差值植被指数；NDVI_{max} 和 NDVI_{min} 分别为 NDVI 一年变化的最大值和最小值。

（五）WUE 的计算

依据研究尺度的不同，水分利用效率的定义不同。在叶片尺度上，WUE 可以分为瞬时水分利用效率（Instantaneous Water Use Efficiency，WUE_t）和内在水分利用效率（Intrinsic Water Use Efficiency，WUE_i）。瞬时水分利用效率 = 净光合速率/蒸腾速率；内在水分利用效率 = 净光合速率/气孔导度。冠层尺度和生态系统尺度的 WUE 相近，指整个冠层/生态系统消耗单位质量水分所同化有机物的量，由生产力与蒸散量的比值求得。大部分研究中运用总初级生产力和蒸散量之比，也有研究用净初级生产力和蒸散量之比。叶片尺度上，植物 WUE 的测定有两种方法，即气体交换法和稳定碳同位素法。气体交换法是通过测定单叶的瞬时 CO_2 和 H_2O 交换通量来计算 WUE，优点在于操作比较简单、快捷，但是测定的值只能反映测定当时叶片瞬时的 WUE，环境的变化会对测定结果产生较大的影响。叶片尺度上的光合速率和蒸腾速率可以采用 Li-6400 来测定，进而计算出 WUE。稳定碳同位素法是目前国内外学者研究叶片水分利用效率时运用得较广泛的测定方法。植物叶片的 $\delta^{13}C$ 值能够较好地反映叶片长期的平均水分利用效率，同时还能判断植物的光合作用类型，比如 C3 植物或者 C4 植物的判断。Farquhar 在理论上论证了植物组织内的 $\delta^{13}C$ 值可以反映植物叶片的 C_i/C_a 与水分利用效率（WUE）之间的关系。

$$\begin{cases} A = g(C_a - C_i)/P \\ E = 1.6g\Delta e/P \\ \text{WUE} = A/E \\ \text{WUE} = C_a(1-(\delta^{13}C_a - a - \delta^{13}C_p)/(b-a))/1.6\Delta e \end{cases} \quad (1\text{-}7)$$

式（1-7）中，A 为光合速率（Photosynthetic Rate），即植物在单位时间内通过光合作用固定二氧化碳的量；E 为蒸腾速率（Transpiration Rate），即植物在单位时间内通过蒸腾作用散失水分的量；C_a 为大气中 CO_2 浓度，C_i 为植物叶片细胞间 CO_2 浓度；Δe 为叶片内外水汽压之差；g 为气孔导度（Stomatal Conductance），它是指气孔对气体（如二氧化碳和水蒸气）扩散的传导能力；P 为大气压力（Atmospheric Pressure），它是环境因素之一，影响气体的扩散和植物的生理过程；a、b 为经验常数。

植物叶片 $\delta^{13}C$ 值不仅能反映大气 CO_2 的碳同位素比值，还和细胞间 CO_2 浓度与大气中 CO_2 浓度比值（C_i/C_a）呈明显的相关关系，因此，可以用 $\delta^{13}C$ 值表征植物叶片的 WUE。$\delta^{13}C$ 值测定有较多优点，比如取样少，结果更为准确，同时较少受到取样时间及空间的限制，因此能较好地反映植物的水分利用状况，是目前国际公认的判定植物长期 WUE 的较好方法。也有研究表明 $\delta^{13}C$ 值在单一环境中使用结果较好，但是环境较为复杂时，如果能结合 $\delta^{18}O$ 值则能更准确地反映植物的水分利用情况。$\delta^{18}O$ 在很大程度上由光合作用过程中叶片与空气水汽压亏缺（Vapour Pressure Deficit，VPD）决定，并随环境条件变化而变化，反映了植物水分利用的变化，同时测定 $\delta^{13}C$ 和 $\delta^{18}O$，能区分光合能力与气孔导度对 C_i/C_a 的作用，在很大程度上提高了 WUE 测定的准确性。

本研究采用 GPP（g C·m^{-2}）与 ET（mm）的比值来计算研究区域生态系统尺度的 WUE（g C·m^{-2}mm^{-1}）。公式如下：

$$\text{WUE} = \frac{\text{GPP}}{\text{ET}} \quad (1\text{-}8)$$

（六）时空趋势分析方法

1. 一元线性回归分析法

采用一元线性回归分析法分析 2001—2018 年植被物候和气候因子的年际变化趋势。公式如下：

$$\text{Slope} = \frac{n\sum_{i=1}^{n} i \times p_i - \sum_{i=1}^{n} p_i}{n\sum_{i=1}^{n} i^2 - \left(\sum_{i=1}^{n} i\right)^2} \tag{1-9}$$

式（1-9）中，Slope 为植被物候和气候因子变化趋势；P_i 为第 i 年的植被物候和气候因子数据；i 为年变量。

2.Theil-Sen 中位数趋势法

本研究采用 Theil-Sen 中位数趋势法和 Mann-Kendall 检验法来研究植被物候的时间趋势变化特征。Theil-Sen 中位数趋势法是一种稳健的非参数统计趋势计算方法，用于植被物候的时间序列趋势分析。Mann-Kendall 检验法是一种非参数统计检验方法，用于评估 Theil-Sen 斜率的显著性，即检验植被物候趋势的显著性。具体公式如下：

$$\beta = \text{Median}\left(\frac{x_j - x_i}{j - i}\right) \tag{1-10}$$

式（1-10）中，β 为斜率；x_i 和 x_j 分别为第 i 年和第 j 年物候数据。$\beta > 0$，表示植被物候呈推迟趋势；$\beta < 0$，表示植被物候呈提前趋势。

$$Z_c = \begin{cases} \dfrac{S-1}{\sqrt{\text{Var}(S)}} & (S > 0) \\ 0 & (S = 0) \\ \dfrac{S+1}{\sqrt{\text{Var}(S)}} & (S < 0) \end{cases} \tag{1-11}$$

$$S = \sum_{i=1}^{n-1} \sum_{j=i+1}^{n} \text{sgn}(x_j - x_i) \tag{1-12}$$

$$\text{sgn}(x_j - x_i) = \begin{cases} 1 & (x_j - x_i > 0) \\ 0 & (x_j - x_i = 0) \\ -1 & (x_j - x_i < 0) \end{cases} \tag{1-13}$$

式（1-11）至式（1-13）中，x_j 和 x_i 为植被物候序列数据；n 为植被物候序列中数据个数；sgn 为符号函数。$|Z_c| \geq Z_{1-\alpha/2}$，表明植被物候序列呈显著变化趋势；$Z_c > 0$，表明植被物候序列呈上升趋势；$Z_c < 0$，表明植被物候序列呈下降趋势。$\alpha$ 为给定的置信水平（显著性检验水平）；$|Z_c| \geq 1.96$，表示植被物候序列通过了

置信度为95%的显著性检验。

3.Hurst指数预测法

Hurst指数（H值）能够有效地描述自相似性和长期依赖性，因此被广泛运用于水文、气候、地质和地震等领域研究。本研究基于重标极差（R/S）分析法逐像元计算植被覆盖、物候和SPEI的变化趋势，反映其变化趋势的持续性。H值的范围为[0，1]，根据H值的大小可以判断植被覆盖、物候和SPEI的时间序列是完全随机的还是存在持续性。$H>0.5$，表示植被覆盖、物候和SPEI的时间序列是一个持续性序列，表明植被覆盖、物候和SPEI未来变化趋势与过去一致。$H=0.5$，表示植被覆盖、物候和SPEI的时间序列为随机序列。$H<0.5$，则表明植被覆盖、物候和SPEI的时间序列具有反持续性，也就是说植被覆盖、物候和SPEI未来变化趋势与过去相反。植被覆盖、物候和SPEI的时间序列用A_i ($i=1,2,\cdots,n$)表示，对于任意正整数m，定义以下时间序列。

差分序列：
$$\Delta A_i = A_i - A_{i-1} \tag{1-14}$$

均值序列：
$$\overline{\Delta A(m)} = \frac{1}{m}\sum_{i=1}^{m}\Delta A_i, (m=1,2,\cdots,n) \tag{1-15}$$

累计离差：
$$X(t) = \sum_{i=1}^{m}\left(\Delta A_i - \overline{\Delta A(m)}\right), (1 \leqslant t \leqslant m) \tag{1-16}$$

极差：
$$R(m) = \max X(t)_{1\leqslant m \leqslant n} - \min X(t)_{1\leqslant m \leqslant n} \tag{1-17}$$

标准差：
$$S(m) = \left[\frac{1}{m}\sum_{i=1}^{m}\left(\Delta A_i - \overline{\Delta A(m)}\right)^2\right]^{\frac{1}{2}} \tag{1-18}$$

对于比值$R(m)/S(m) \cong R/S$，若存在$R/S \propto m^H$，说明分析的植被覆盖、物候和SPEI时间序列存在Hurst现象，在双对数坐标系（$\ln i$，$\ln R/S$）中用最小二乘法拟合式得到。

4. NAR 神经网络法

自 20 世纪 80 年代末以来，动态神经网络被广泛用于地理模式的识别、模拟与预测。非线性自回归（NAR）神经网络是一个具有非线性特征的动态递归网络，具有良好的泛化性能，可对时间序列未来一段时间的趋势进行预测。由于 SPEI 的非线性、多变特征，本研究将 NAR 神经网络法与 R/S 分析法相结合来预测黄土高原干旱变化趋势。

（七）植被对气候及 SPEI 响应的分析方法

1. 随机森林模型

利用随机森林模型变量的重要性对 7 个极端气候指数对植被物候的影响进行排序，该模型使用均方误差的百分比增长来评估每个自变量（气候因子）对因变量（植被物候）的影响程度。首先构造 ntree 决策树模型和计算随机替换的 OBB 均方误差，构造如下矩阵：

$$\begin{bmatrix} MSE_{11} & MSE_{12} & \cdots & MSE_{1ntree} \\ MSE_{21} & MSE_{22} & \cdots & MSE_{2ntree} \\ \vdots & \vdots & \vdots & \vdots \\ MSE_{m1} & MSE_{m2} & \cdots & MSE_{mntree} \end{bmatrix} \quad (1-19)$$

其次计算重要性得分，公式如下：

$$score X_j = S_E^{-1} \frac{\sum_{r=1}^{ntree} MSE_{1r} - MSE_{pr}}{ntree}, (1 \leqslant p \leqslant m) \quad (1-20)$$

式（1-20）中，n 为原始数据样本的数量；m 为变量的数量。

2. 岭回归分析

岭回归分析不仅可以消除自变量之间的共线性，还摒弃了最小二乘方法的无偏性，因此被作为一种改进的最小二乘估计法广泛应用于实际的回归过程。本研究利用岭回归分析来探究因变量对自变量的敏感性。以下为岭回归分析的原理。

多元线性回归模型：

$$Y = X \cdot \beta + \varepsilon \quad (1-21)$$

式（1-21）中，Y 为因变量的 n 维观测向量；X 为自变量的观测矩阵，维数为 $n \times p(n \geq p)$；β 为 $p \times 1$ 维的向量；ε 为 n 维随机向量。

最小二乘估计量：

$$\hat{\beta} = (X' \cdot X)^{-1} \cdot X' \cdot Y \tag{1-22}$$

式（1-22）中，$\hat{\beta}$ 为 β 的最小二乘估计量；X 为自变量的观测矩阵；X' 为 X 的逆矩阵；Y 为因变量的 n 维观测向量。

最小二乘估计的结果虽然在理论上有较好的成效，但其参数估计可能不稳定，容易导致参数估计不合理，故本研究采用岭回归分析消除多重共线性对估计结果的影响。岭回归分析是一种改进普通最小二乘估计的方法，其形式如下：

$$\hat{\beta}_{RR} = (X' \cdot X + k \cdot I)^{-1} \cdot X' \tag{1-23}$$

式（1-23）中，$\hat{\beta}_{RR}$ 为自变量对因变量的敏感系数；X 为气候因子的观测矩阵；k 为岭参数；I 为单位矩阵；X' 为 X 的逆矩阵。要说明的是，所有变量均在 R 语言 3.6.2 中进行了线性去趋势。

3.偏相关分析

偏相关分析是在暂不考虑其他要素影响的前提下，研究某一个要素对另一个要素的影响[①]。本研究采用逐像元计算的偏相关系数来研究降水量和气温分别对季节性植被 WUE 变化的影响。偏相关系数较简单相关系数更能反映两个变量之间的联系，其计算公式如下：

$$r_{xy,z} = \frac{r_{xy} - r_{xz} r_{yz}}{\sqrt{(x - r_{xz}^2)} \sqrt{(x - r_{yz}^2)}} \tag{1-24}$$

式（1-24）中，$r_{xy,z}$ 为将变量 z 固定后变量 x 与变量 y 的偏相关系数。采用 t 检验对偏相关系数进行显著性检验。

---

① 陈云浩，李晓兵，史培军.1983—1992 年中国陆地 NDVI 变化的气候因子驱动分析[J].植物生态学报，2001（06）：716-720.

第二章
黄土高原气候变化时空分布特征

黄土高原地区生态环境脆弱、气候变化差异较大，区域内的植被生态系统对全球气候变化极为敏感，气候变化已成为该地区生态、环境变化的主要驱动力之一。本章拟基于2001—2018年黄土高原日最低气温、日最高气温和日降水数据，采用RClimDex模型和MATLAB软件计算年平均气候（年均气温、年总降水）、季节性气候（春季平均气温和春季总降水、夏季平均气温和夏季总降水、秋季平均气温和秋季总降水、冬季平均气温和冬季总降水）和7个极端气候指数（TXx指数、TXn指数、TNn指数、TNx指数、DTR指数、RX1day指数、RX5day指数），进而分析2001—2018年黄土高原年平均气候、季节性气候和极端气候的时空变化特征。本章旨在提高我们对黄土高原气候因子时空变化规律的认知，以及为黄土高原未来气候变化预测提供一定的理论基础。

第一节　黄土高原年平均气候的时空变化特征

依据2001—2018年黄土高原年均气温时空变化特征（见图2-1），年均气温呈逐年波动上升趋势，范围为8.9～10.1 ℃。线性拟合发现年均气温增长率为0.2 ℃/10a，但未通过$P=0.05$的显著性水平检验。多年平均气温为9.6 ℃，年均气温在2013年最高（10.1 ℃），在2012年最低（8.9 ℃）。由图2-1可以看出，黄土高原年均气温呈现明显的空间异质性，空间多年平均气温变化范围为8～22 ℃。黄土高原西部多年年均气温相对其他地区较低，其余地区气温自东南到西北呈现降低趋势。

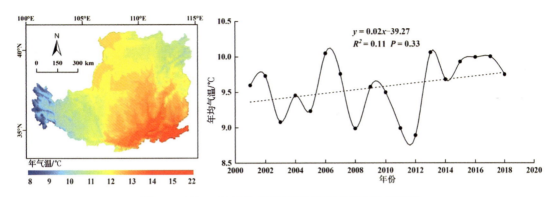

图 2-1　2001—2018 年黄土高原年均气温时空变化特征

由图 2-2 可以看出,2001—2018 年黄土高原年总降水呈逐年波动上升趋势,范围为 351.7~537.3 mm。线性拟合发现年总降水增长率为 3.92 mm/a,但未通过 $P=0.05$ 的显著性水平检验。多年平均年总降水为 445.7 mm,年总降水在 2001 年最低 (351.7 mm),在 2003 年达到最高值 (537.3 mm)。黄土高原多年平均年总降水从东南到西北呈现梯度分布(见图 2-2),空间多年平均年总降水变化范围为 150~750 mm,多年平均年总降水低值分布在黄土高原西北部和东北部,多年平均年总降水高值分布在黄土高原南部。

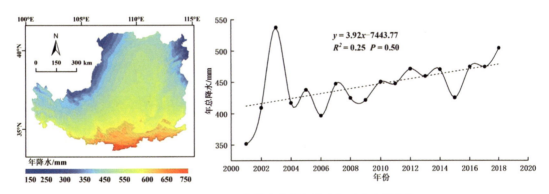

图 2-2　2001—2018 年黄土高原年总降水时空变化特征

第二节　黄土高原季节性气候的时空变化特征

黄土高原春季、夏季和秋季平均气温均呈波动上升趋势,冬季平均气温呈波动下降趋势(见图 2-3)。春季平均气温为 7.4~10.3 ℃,多年平均值为 9.0 ℃,多

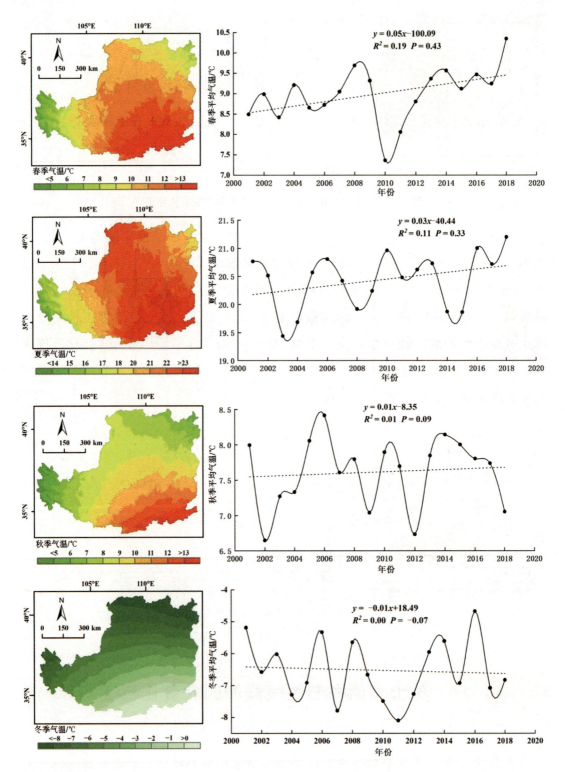

图 2-3 2001—2018 年黄土高原季节性平均气温时空变化特征

年变化速率为0.5 ℃/10a。春季平均气温最高值（10.3 ℃）出现在2018年，最低值（7.4 ℃）出现在2010年。空间多年春季平均气温变化的大致范围为5~13 ℃，高于9 ℃的地区占黄土高原大部分地区。夏季平均气温多年平均值为20.4 ℃，平均气温最高值（21.2 ℃）出现在2018年，最低值（19.4 ℃）出现在2003年，多年变化速率为0.3 ℃/10a。空间多年夏季平均气温变化的大致范围为14~23 ℃，高于20 ℃的地区占黄土高原大部分地区。秋季平均气温为6.6~8.4 ℃，多年平均值为7.6 ℃，多年变化速率为0.1 ℃/10a。空间多年秋季平均气温变化的大致范围为5~13 ℃，高于8 ℃的地区占黄土高原大部分地区。冬季平均气温的变化范围为-8.1~-4.6 ℃，多年变化速率为-0.1 ℃/10a，多年平均值为-6.5 ℃。冬季平均气温最高值（-4.6 ℃）出现在2016年，最低值（-8.1 ℃）出现在2011年。冬季平均气温与其他三个季节平均气温、年均气温在空间上分布不同，在冬季从南到北平均气温逐渐降低，呈现水平分布，绝大部分地区的平均气温低于0 ℃，空间变化的大致范围为-8~0 ℃。从整体可以看出，黄土高原春季、夏季和秋季多年平均气温与年均气温的空间分布状况相似，黄土高原的西部和东北部气温相较整体气温更低；各季节平均气温从高到低依次为夏季、春季、秋季和冬季；各季节平均气温变化速率和各季节平均气温线性变化决定系数R^2由大到小依次为春季、夏季、秋季和冬季。

2001—2018年黄土高原春季、夏季和秋季的总降水均呈波动上升趋势，冬季总降水呈波动下降趋势，但趋势均不显著（$P>0.05$）（见图2-4）。黄土高原春季总降水为44.7~98.8 mm，春季总降水最低值出现在2001年，最高值出现在2010年；多年平均总降水为79.7 mm，占平均年总降水的17.9%；线性变化速率为1.19 mm/a。黄土高原春季多年总降水空间变化的大致范围为50~130 mm，降水量大的区域分布在黄土高原南部，降水量小的区域分布在黄土高原西北部和东北部，且黄土高原春季总降水呈现梯度分布。黄土高原夏季总降水为200.3~304.2 mm，夏季总降水最低值出现在2001年，最高值出现在2018年；多年平均总降水为247.1 mm，占平均年总降水的55.4%；线性变化速率为1.65 mm/a。黄土高原夏季多年总降水空间变化的大致范围为130~320 mm，降水量大的区域分布在黄土高原东南部，降水量小的区域分布在黄土高原西北部和东北部，且黄土高原夏季总降水从东南向西北呈现梯度分布。黄土高原秋季总降水为73.7~154.6 mm，秋季总降水最低值出现在2002年，最高值出现在2011年；多年平均总降水为

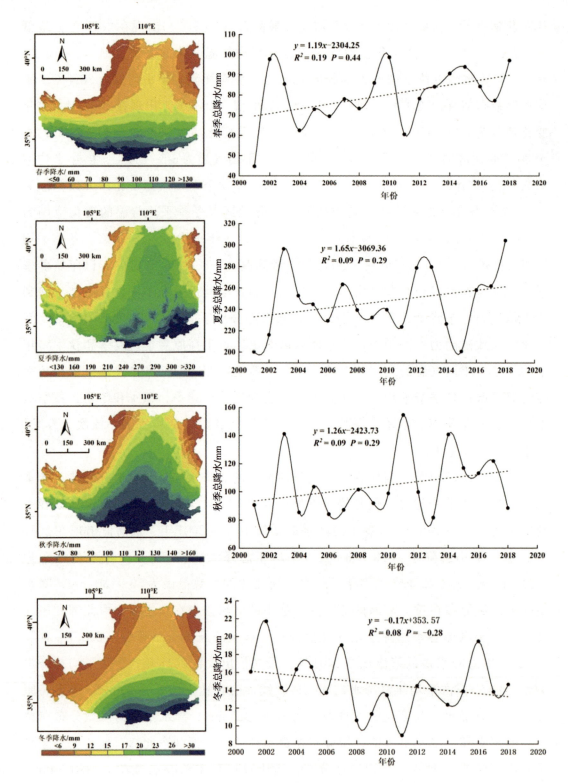

图 2-4　2001—2018 年黄土高原季节性降水时空变化特征

104.2 mm，占平均年总降水的 23.4%；线性变化速率为 1.26 mm/a。黄土高原秋季多年总降水空间变化的大致范围为 70~160 mm，降水量大的区域分布在黄土高原南部，降水量小的区域分布在黄土高原西北部和东北部。黄土高原冬季总降水相较于其他三个季节较少，冬季总降水为 8.9~21.7 mm，冬季总降水最低值出现在 2011 年，最高值出现在 2002 年；多年平均总降水为 14.7 mm，占平均年总降水的 3.3%；线性变化速率为 -0.17 mm/a。黄土高原冬季多年总降水空间变化的大致范围为 6~30 mm，降水量的空间分布与秋季降水量的空间分布类似。从整体可以看出，黄土高原不同季节总降水与年总降水的空间分布状况相似，从东南向西北呈现梯度分布；各季节总降水和各季节总降水变化速率从大到小依次为夏季、秋季、春季和冬季；各季节总降水线性变化决定系数 R^2 由大到小依次为春季、夏秋季和冬季。

第三节 黄土高原极端气候的时空变化特征

由图 2-5 可以看出，2001—2018 年黄土高原 RX1day 指数呈逐年波动上升趋势，线性拟合发现 RX1day 指数多年增长率为 0.11 mm/a。多年平均 RX1day 指数值为 46.3 mm，RX1day 指数值在 2015 年最低（36.2 mm），在 2013 年最高（54.0 mm）。此外，黄土高原 RX1day 指数空间变化差异明显，RX1day 指数低值分布在黄土高原西部，高值分布在黄土高原东南部。RX1day 指数值空间大致范围为 16~55 mm，整体从东南向西北呈现梯度分布。

由图 2-6 可以看出，2001—2018 年黄土高原 RX5day 指数呈逐年波动上升趋势，线性拟合发现 RX5day 指数增长率为 0.31 mm/a。多年平均 RX5day 指数值为 71.7 mm，RX5day 指数值在 2015 年最低（53.5 mm），在 2013 年最高（89.9 mm）。黄土高原 RX5day 指数空间变化存在明显梯度分布特征，RX5day 指数空间变化与 RX1day 指数空间变化类似，但 RX5day 指数值空间大致范围为 30~80 mm。RX5day 指数低值分布在黄土高原西部，高值分布在黄土高原东南部。

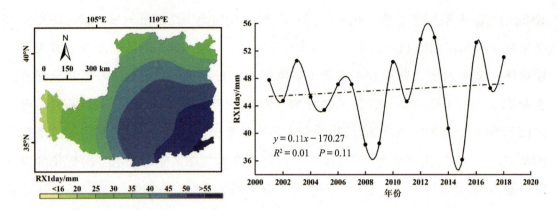

图 2-5　2001—2018 年黄土高原 RX1day 指数时空变化特征

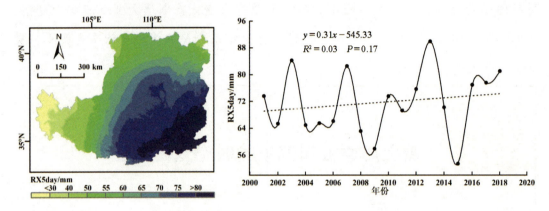

图 2-6　2001—2018 年黄土高原 RX5day 指数时空变化特征

由图 2-7 可以看出，2001—2018 年黄土高原 DTR 指数呈逐年波动上升趋势，线性拟合发现 DTR 指数上升率为 0.0023℃/a，未通过 0.05 的显著性水平检验。多年平均 DTR 指数值为 12.43℃，DTR 指数值在 2003 年最低（11.80℃），在 2013 年最高（12.93℃）。黄土高原 DTR 指数空间变化从东南到西北存在明显梯度分布特征，从东南到西北逐渐变大，DTR 指数空间变化大致范围为 10~14.5℃。DTR 指数空间低值分布在黄土高原南部，空间高值分布在黄土高原西部和北部。

由图 2-8 可以看出，2001—2018 年黄土高原 TNn 指数呈逐年波动上升趋势，线性拟合发现 TNn 指数上升率为 0.29℃/a，未通过 $P=0.05$ 的显著性水平检验。多年平均 TNn 指数值为 -21.36℃，TNn 指数值在 2008 年最低（-27.5℃），在 2015 年最高（-15.6℃）。黄土高原 TNn 指数的变化趋势空间差异明显，TNn 指数在黄土高原东南部较大，在黄土高原北部偏东较小。TNn 指数值变化大致范围为 -27~-18℃。

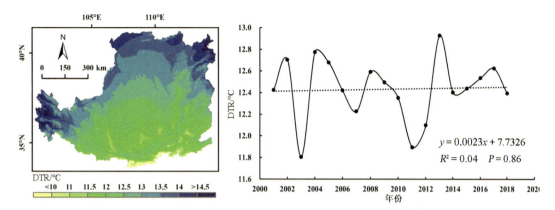

图 2-7　2001—2018 年黄土高原 DTR 指数时空变化特征

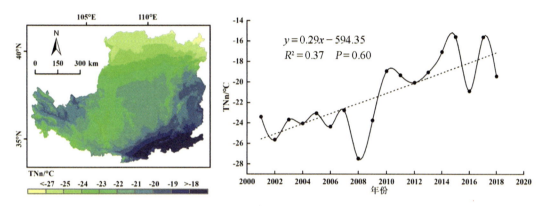

图 2-8　2001—2018 年黄土高原 TNn 指数时空变化特征

由图 2-9 可以看出，2001—2018 年黄土高原 TNx 指数呈逐年波动上升趋势，线性拟合发现 TNx 指数上升率为 0.36 ℃/a。多年平均 TNx 指数值为 20.8 ℃，TNx 指数值在 2003 年最低（17.87 ℃），在 2017 年最高（24.15 ℃）。黄土高原 TNx 指数空间差异明显，空间变化大致范围为 16~24 ℃。TNx 指数空间低值分布在黄土高原南部地区，空间高值分布在黄土高原东部和西部部分地区。

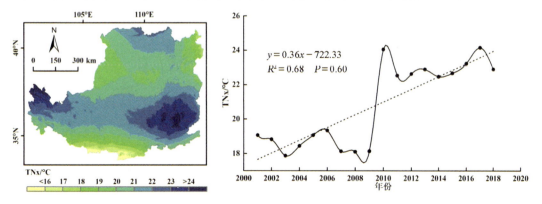

图 2-9　2001—2018 年黄土高原 TNx 指数时空变化特征

由图 2-10 可以看出，2001—2018 年黄土高原 TXn 指数呈逐年波动上升趋势，线性拟合发现 TXn 指数上升率为 0.29 ℃/a，未通过 $P=0.05$ 的显著性水平检验。多年平均 TXn 指数值为 −9.3 ℃，TXn 指数值在 2008 年最低（−14.3 ℃），在 2017 年最高（−3.8 ℃）。黄土高原 TXn 指数空间差异较小，空间变化大致范围为 −13～−5 ℃。TXn 指数低值分布在黄土高原北部和西部部分地区，TXn 指数高值分布在黄土高原东南部。

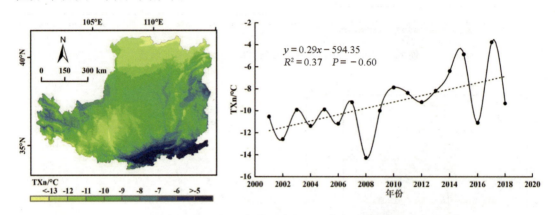

图 2-10　2001—2018 年黄土高原 TXn 指数时空变化特征

由图 2-11 可以看出，2001—2018 年黄土高原 TXx 指数呈逐年波动上升趋势，线性拟合发现 TXx 指数上升率为 0.24 ℃/a，未通过 $P=0.05$ 的显著性水平检验。多年平均 TXx 指数值为 33.62 ℃，TXx 指数值在 2003 年最低（31.03 ℃），在 2017 年最高（37.11 ℃）。黄土高原 TXx 指数空间差异明显，空间变化大致范围为 29～37 ℃。TXx 指数低值分布在黄土高原南部，TXx 指数高值分布在黄土高原西部和东部部分地区。

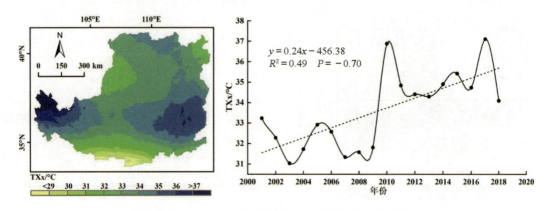

图 2-11　2001—2018 年黄土高原 TXx 指数时空变化特征

第四节 讨论

本章基于黄土高原气象站点数据研究了黄土高原2001—2018年气候变化特征（气温和降水），结果表明2001—2018年黄土高原呈现明显的变暖趋势，降水量也在明显增多，这一结果与谢宝妮（2016）[1]、任婧宇等（2018）[2]和刘荔昀等（2021）[3]研究结果较为一致，但是增加幅度略有差异。本研究发现2001—2018年黄土高原年均气温的增长率为0.2 ℃/10a、年总降水的增长率为3.92 mm/a，而任婧宇等指出1901—2014年黄土高原年均气温以0.1 ℃/10a的速率显著上升，降水年际变化趋势不显著；刘荔昀等利用Sen's斜率估计分析黄土高原气候变化时发现，1961—2018年黄土高原年均气温以0.35 ℃/10a速率呈显著上升趋势，且认为黄土高原气温变化主要是由于受到了北大西洋年代际涛动影响。这些研究结果均表明黄土高原区域气候对全球变暖有显著响应。此外，谢宝妮研究1981—2014年黄土高原季节性气候时指出，黄土高原不同季节气温和降水均呈上升趋势（除春季降水和夏季降水呈下降趋势之外），该结果与本研究结果略有不同的是，本研究发现2001—2018年黄土高原春季气温与降水、夏季气温与降水和秋季气温与降水呈上升趋势，仅冬季气温与降水呈下降趋势。Philander提到黄土高原降水的增多可能与东亚夏季风增强有关，西太平洋副热带高压北推会导致更多的降水停留在黄土高原[4]，这在一定程度可证实本研究结论。

有研究认为，城市扩张会对极端气候指数造成影响，故在极端指数的计算过程中会去除受迁站、城市扩张等影响的站点，而本研究考虑到黄土高原处于中国中西部地区，受城市化影响较弱，故只利用RClimDex模型对站点数据进行了质量控制。由表2-1可以看出，黄土高原地区的气温暖指数接近内蒙古地区，冷指

---

[1] 谢宝妮.黄土高原近30年植被覆盖变化及其对气候变化的响应[D].西安：西北农林科技大学，2016.
[2] 任婧宇，彭守璋，曹扬，等.1901—2014年黄土高原区域气候变化时空分布特征[J].自然资源学报，2018，33（4）：621-633.
[3] 刘荔昀，鲁瑞洁，丁之勇.黄土高原气候变化特征及原因分析[J].地球环境学报，2021，12（6）：615-631.
[4] Philander S G H. El Niño, La Niña, and the Southern Oscillation[M] San Diego: Academic Press, 1990.

数接近全球指数,说明黄土高原区域极端气温指数的变化与其他区域具有一定的同步性。DTR指数下降趋势相对于其他地区较大,可能的原因是黄土高原TNx指数和TNn指数上升较TXx指数和TXn指数明显,故DTR指数呈连续下降趋势。此外,黄土高原RX1day指数从东南到西北呈现出逐渐递减的趋势,这与RX5day指数所反映出的空间分布一致,赵安周等指出黄土高原夏秋季受印度洋低压和西太平洋副热带高压的影响,炎热多暴雨,这可能是本章RX5day斜率大于其他地区的主要原因。

表2-1 本章极端气候指数结果(斜率)与其他研究结果的比较

文献来源	研究区域	TXx	TNx	TXn	TNn	DTR	RX1day	RX5day
本研究	黄土高原(2001—2018年)	0.24	0.36	0.29	0.29	−0.25	0.11	0.31
Kim, Min, Zhang等(2016)	全球(1951—2011年)	0.11	0.12	0.28	0.45	−0.09	0.04	−0.31
Hong, Zhang, Zhao等(2020)	内蒙古(1982—2015年)	0.52	0.54	0.06	0.06	−0.01	−1.2	−1.2
Jia(2016)	祁连山(1960—2014年)	0.23	0.32	0.31	0.41	−0.13	0.09	0.6
Li, He, Wang等(2012)	中国西南部(1961—2008年)	0.11	0.17	0.13	0.29	−0.18	0.05	0.03

第五节 小结

本章基于气候因子数据,采用一元线性回归分析法分析了2001—2018年黄土高原年平均气候、季节性气候和极端气候的时空变化特征,得到以下结论。

1. 年平均气候的时空分布特征

黄土高原年均气温在空间上呈现明显的空间异质性,西部多年平均气温相对其他地区较低，其余地区气温自东南到西北呈现降低趋势；年均气温在时间上呈逐年波动上升趋势，其增长率为0.2 ℃/10a。黄土高原年总降水呈逐年波动上升趋势，其增长率为3.92 mm/a；空间多年平均年总降水变化范围为150~750 mm，且从东南到西北呈现梯度分布。

2.季节性气候的时空分布特征

黄土高原春季、夏季和秋季平均气温均呈波动上升趋势，冬季平均气温呈波动下降趋势；春季、夏季和秋季多年平均气温与年均气温的空间分布状况相似，黄土高原西部和东北部的气温相较整体气温更低；各季节平均气温从高到低依次为夏季、春季、秋季和冬季，各季节平均气温变化速率由大到小依次为春季、夏季、秋季和冬季。黄土高原春季、夏季和秋季的总降水均呈波动上升趋势，冬季总降水呈波动下降趋势；不同季节总降水与年总降水的空间分布状况相似，从东南向西北呈现梯度分布；各季节总降水和各季节总降水变化速率从大到小依次为夏季、秋季、春季和冬季。

3.极端气候的时空分布特征

黄土高原极端气候指数只有DTR指数呈下降趋势，其斜率为-0.25 ℃/a。其余极端气候指数均呈现上升趋势：TNn和TXn指数的空间趋势大致相同，呈现明显的空间差异性，低值分布在黄土高原北部；TNx和TXx指数的空间趋势大致相同，高值分布在黄土高原东部和西部部分地区；RX1day和RX5day指数的空间趋势大致相同，从东南到西北呈现逐渐减小趋势。

第三章
黄土高原植被物候及其影响因素

第一节 黄土高原植被物候的时空变化特征

植被物候是气候变化的重要指示器,植被物候变化影响植被生产力、陆地生态系统碳循环过程及碳储备。本节拟采用站点实测数据(鄂尔多斯站、海北站、沙坡头站)验证从 MOD13Q1 NDVI 数据集提取的黄土高原植被物候数据,然后采用 Theil-Sen 中位数趋势法、Mann-Kendall 检验法和一元线性回归分析法分析 2001—2018 年黄土高原植被 SOS 和植被 EOS 的时空变化特征,并采用 Hurst 指数预测法对未来植被 SOS 和植被 EOS 变化趋势进行预测。本节旨在为黄土高原生态环境恢复与建设提供一定理论依据,以及为建立更加完善的植被物候预测模型提供一定理论基础。

一、黄土高原植被物候的时间变化特征

2001—2018 年黄土高原植被物候年际变化如图 3-1 所示。黄土高原植被 SOS 变化斜率为 -0.38 d/a,多年呈现提前趋势,植被 SOS 发生最早的年份是 2018 年,植被 SOS 发生最迟的年份是 2011 年,植被 SOS 多年均值为第 117.77 天,如图 3-1(a)所示。植被 EOS 多年变化斜率为 2.83 d/a,多年呈现推迟趋势,植被 EOS 结束最早的年份是 2002 年,植被 EOS 结束最迟的年份是 2018 年,植被 EOS 多年均

值为第 300.90 天，如图 3-1（b）所示。由植被 SOS 和植被 EOS 的年际变化斜率绝对值可知，植被 EOS 的变化斜率绝对值大于植被 SOS 的变化斜率绝对值，表明黄土高原植被 EOS 多年推迟趋势较植被 SOS 提前趋势明显。

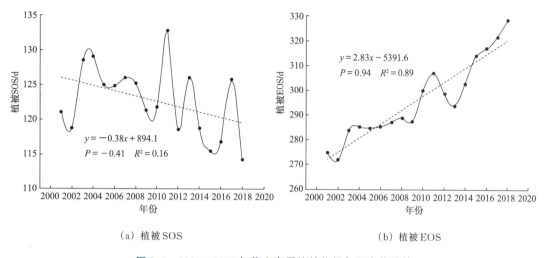

(a) 植被 SOS　　　　　　　　　　(b) 植被 EOS

图 3-1　2001—2018 年黄土高原植被物候年际变化趋势

图 3-2 为不同植被物候的年际变化趋势。从整体上来看，不同植被物候在 2001—2018 年具有明显的年际波动趋势，不同植被 SOS 均呈提前趋势，不同植被 EOS 均呈现延迟趋势。2001—2018 年草地物候和森林物候的年际变化相对于灌丛物候的年际变化更稳定。从图 3-2（a）可以看出，森林 SOS 的均值最小，多年森林 SOS 的均值为第 102.02 天，相对于草地 SOS 和灌丛 SOS 要提前 20 天左右，灌丛 SOS 和草地 SOS 多年均值分别为第 125.48 天和第 125.83 天，这两种植被类型生长季始期均值接近的原因是灌丛 SOS 的年际变化波动大，尤其在 2001—2010 年。从图 3-2（b）可以看出，2001—2018 年森林、灌丛和草地三种植被的 EOS 基本保持一致，森林、灌丛和草地的 EOS 均值依次为第 300.78 天、第 304.39 天和第 297.52 天，说明草地的结束生长日期最早，其次是森林和灌丛。通过比较森林、灌丛和草地的物候发现，森林的生长季长度最长（198.76 天），其次为灌丛（178.91 天）和草地（171.69 天）。

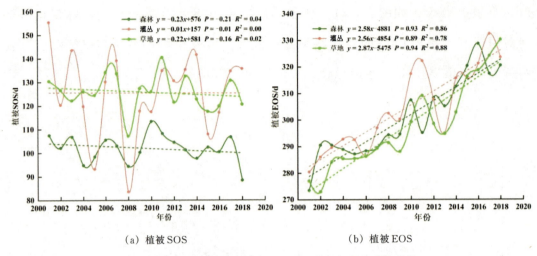

(a) 植被 SOS (b) 植被 EOS

图 3-2　2001—2018 年黄土高原不同植被物候年际变化趋势

二、黄土高原植被物候的空间变化特征

2001—2018 年黄土高原植被 SOS 主要集中在第 96~144 天（像元占比为 90.8%），且植被 SOS 随着地势由西北向东南方向逐渐提前，如图 3-3（a）所示。三种植被 SOS 多年平均值由早到迟依次为森林（第 95 天）、灌丛（第 110 天）和草地（第 116 天）。其中，森林 SOS 主要集中在第 80~100 天，灌丛 SOS 和草地 SOS 主要集中在第 90~130 天，像元占比分别为 90.71%、80.54% 和 82.54%（见附表 3-1）。由图 3-3（b）可以看出，2001—2018 年黄土高原植被 EOS 主要集中在第 288~304 天（像元占比为 87.0%），各植被类型之间的物候参数差异较小。森林 EOS、灌丛 EOS 和草地 EOS 主要集中在第 280~310 天，其像元占比分别为 98.09%、98.52% 和 86.92%（见附表 3-1）。

根据 Theil-Sen 空间分析得知，研究区不同植被 SOS 的大部分像元均呈现提前趋势（研究区通过 Mann-Kendall 显著性检验的像元占比为 71.0%）（见图 3-4（a）），整体研究区提前 0~1 d/10a，森林 SOS、灌丛 SOS 和草地 SOS 像元占比分别为 99.41%、78.61% 和 80.97%（见附表 3-2）。其中，草地 SOS 提前趋势最为明显，灌丛 SOS 提前趋势最弱。由图 3-4（b）可以看出，研究区植被 EOS 呈现延迟的现象（研究区通过 Mann-Kendall 显著性检验的像元占比为 75.6%），且整体区域植被 EOS 延迟 1~2 d/10a，森林 EOS、灌丛 EOS 和草地 EOS 像元占比分别为78.81%、65.36%和59.36%（见附表3-2）。三种植被EOS延迟趋势从强到弱依次为灌丛、森林和草地。

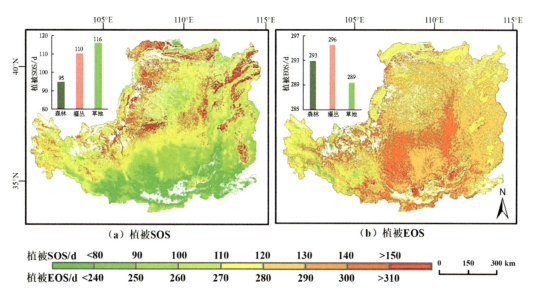

图3-3　2001—2018年黄土高原植被物候多年平均值空间分布

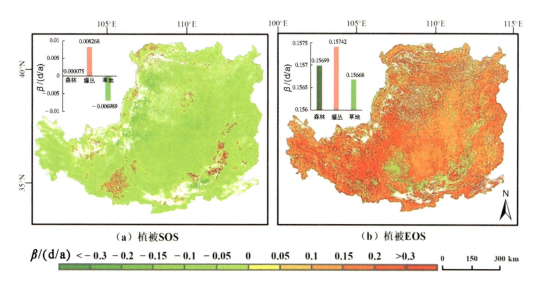

图3-4　2001—2018年黄土高原植被物候变化趋势空间分布

三、黄土高原植被物候未来变化趋势预测

利用研究区 2001—2018 年的植被物候数据计算植被 SOS 和植被 EOS 的 Hurst 指数（H 值），分别获得研究区植被 SOS 和植被 EOS 持续性变化空间分布（见图 3-5）。研究区植被 SOS 变化趋势 H 值为 0.5~1 的像元在总像元中占 47.7%（其中，森林、灌丛、草地的像元占比分别为 43.20%、47.35%、52.52%，见附表 3-3），说明未来黄土高原有 47.7% 的植被 SOS 仍将延续 2001—2018 年的平均变化状态，继续呈提前趋势。H 值为 0~0.5 的像元在总像元中占 52.3%，表明未来一段时间有 52.3% 的植被 SOS 变化趋势与过去相反，将呈现推迟趋势。其中，森林 SOS、灌丛 SOS 和草地 SOS 的 H 值分别为 0.52、0.46 和 0.49，表明森林 SOS 变化基本呈稳定状态，灌丛 SOS 和草地 SOS 呈现反持续状态。

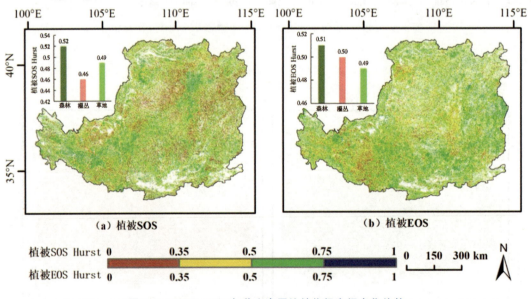

图 3-5　2001—2018 年黄土高原植被物候空间变化趋势

研究区植被 EOS 变化趋势 H 值为 0.5~1 的像元在总像元中占 53.4%（其中，森林、灌丛、草地的像元占比分别为 46.30%、49.70%、64.30%，见附表 3-3），说明未来黄土高原有 53.4% 的植被 EOS 仍将延续 2001—2018 年的平均变化状态，继续呈延迟趋势。H 值为 0~0.5 的像元在总像元中占 46.6%，表明未来一段时间有 46.6% 的植被 EOS 变化趋势与过去相反，将呈现提前趋势。其

中，森林 EOS、灌丛 EOS 和草地 EOS 的 H 值分别为 0.51、0.50 和 0.49，表明森林 EOS 呈现持续状态，灌丛 EOS 变化呈稳定状态，草地 EOS 呈现反持续状态。

四、黄土高原植被物候在不同地形条件下的变化特征

从图 3-6（a）可以看出，黄土高原植被 SOS 在不同高程等级中存在差异。高程较小区域的植被 SOS 较分散，且高程较小的区域植被 SOS 发生较早；高程较大的区域植被 SOS 发生较迟，且高程越大，植被 SOS 越集中。高程小于 1000 m 时，植被 SOS 主要分布在第 50~150 天；高程大于 2500 m 时，植被 SOS 主要分布在第 100~150 天。黄土高原植被 EOS 在不同高程等级中的变化情况如图 3-6（b）所示，黄土高原植被 EOS 发生较集中，高程越小，植被 EOS 发生越迟；高程越大，植被 EOS 发生越早。高程小于 2000 m 时，植被 EOS 主要集中在第 280~320 天；高程大于 2000 m 时，植被 EOS 主要集中在第 260~300 天。

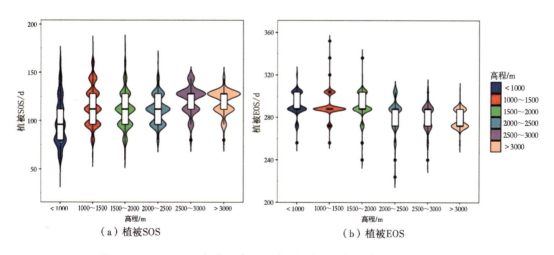

图 3-6　2001—2018 年黄土高原植被物候在不同高程等级中的变化特征

从图 3-7（a）可以看出，黄土高原植被 SOS 在不同坡度等级中存在差异。坡度较小区域的植被 SOS 较分散，且坡度较小区域的植被 SOS 发生较早；坡度较大区域的植被 SOS 发生较迟，且坡度越大，植被 SOS 越集中。坡度小于 15°

时，植被SOS主要分布在第75~150天；坡度大于15°时，植被SOS主要分布在第100~150天。黄土高原植被EOS在不同坡度等级中的变化情况如图3-7（b）所示，黄土高原植被EOS在坡度为8°时存在明显的变化，坡度小于8°时，植被EOS主要集中在第280~320天；坡度大于8°时，植被EOS主要集中在第260~300天。

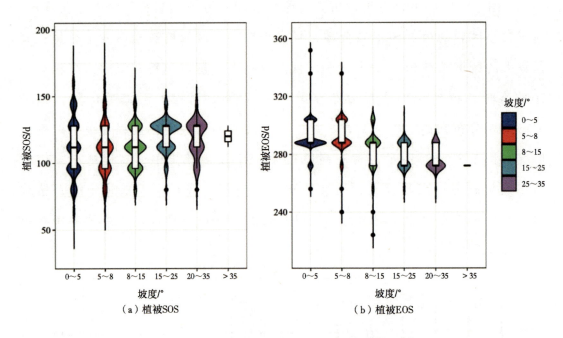

图 3-7　2001—2018年黄土高原植被物候在不同坡度等级中的变化特征

从图3-8（a）可以看出，黄土高原植被SOS在不同坡向等级中存在差异。植被SOS在黄土高原东和西方向的分布类似，主要分布在第80~140天；植被SOS在黄土高原北和南方向的分布类似，分布较集中，主要集中在第80~120天；植被SOS在黄土高原东南、东北、西南和西北方向的分布较集中；在黄土高原平地植被SOS发生较早。黄土高原植被EOS在不同坡向等级中的变化情况如图3-8（b）所示，不同坡向中的植被EOS主要集中在第280~300天，且植被EOS在东、西、南、北方向和平地的分布较分散，植被EOS在东南、东北、西南和西北方向的分布较集中，主要集中在第260~310天。

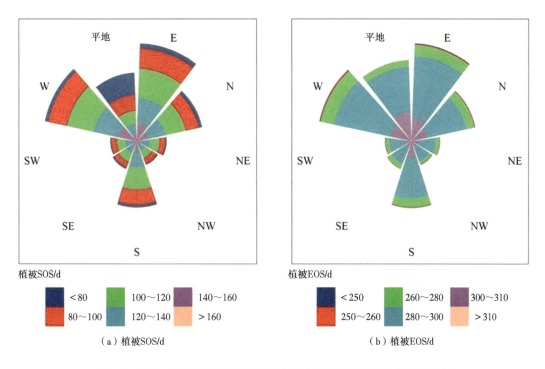

图 3-8 2001—2018 年黄土高原植被物候在不同坡向等级中的变化特征

第二节 黄土高原植被物候对气候及 SPEI 的响应

植被物候变化是一个周期性、持续性的动态过程，制约其变化的影响因素众多，且各因素之间相互影响。但以往研究或限于年平均气候对物候影响的研究，或局限于植被对极端气候响应的分析，而对黄土高原区域植被群落尺度物候变化对季节性气候和极端气候敏感性响应的研究鲜有涉及。本节结合植被物候（本章第一节）和气候因子（第二章）的研究结果，拟采用岭回归分析系统研究植被物候对年平均气候、季节性气候和极端气候敏感性的空间差异，同时分析不同植被物候随年平均气候、季节性气候和极端气候的变化特征。本节旨在提高我们对黄土高原植被物候对年平均气候、季节性气候和极端气候响应的理解，以及为建立更加完善的植被物候预测模型提供一定理论基础。

一、黄土高原植被物候对年平均气候的响应

（一）黄土高原植被SOS对年平均气候的响应

从图3-9（a）可以看出，黄土高原植被SOS对年均气温的敏感性存在明显的空间差异性，整个黄土高原植被SOS对年均气温敏感性的显著像元占比为27.70%，不显著像元占比为72.30%（见附表3-4）。黄土高原西北部部分地区植被SOS对年均气温的正敏感性较大，表明这些地区的植被SOS会随年均气温的升高而延迟。黄土高原南部和东南部部分地区的植被SOS对年均气温的负敏感性较大，表明这些地区的植被SOS会随年均气温的升高而提前。从整体来看，黄土高原大部分地区植被SOS对年均气温表现出负敏感性，表明黄土高原大部分地区的植被SOS会随年均气温升高而提前。黄土高原植被SOS对年总降水的敏感性如图3-9（b）所示，黄土高原植被SOS对年总降水的敏感性存在明显的空间差异性，整个黄土高原植被SOS对年总降水敏感性的显著像元占比为21.33%，不显著像元占比为78.67%（见附表3-4）。黄土高原西北部部分地区植被SOS对年总降水的正敏感性较大，表明这些地区的植被SOS会随年总降水增多而延迟。黄土高原东南部和西部部分地区的植被SOS对年总降水的负敏感性较大，表明这些地区的植被SOS会随年总降水增多而提前。从整体来看，黄土高原大部分地区植被SOS对年总降水的敏感性为负，表明黄土高原大部分地区植被SOS会随年总降水增多而提前。

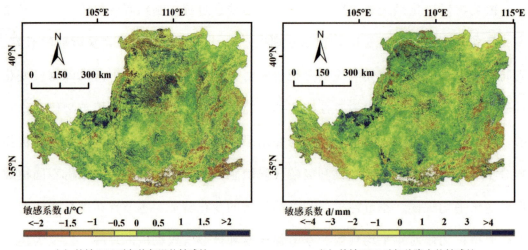

（a）植被SOS对年均气温的敏感性　　　　（b）植被SOS对年总降水的敏感性

图3-9　2001—2018年黄土高原植被SOS对年平均气候的敏感性

从图 3-10 可以看出，黄土高原三种不同植被 SOS 对年平均气候的敏感系数均为负值（除森林 SOS、灌丛 SOS 对年总降水的敏感性通过 0.05 的显著性外，草地 SOS 对年总降水以及三种植被 SOS 对年均气温的敏感性均未通过 0.05 的显著性水平，见附表 3-5），表明森林 SOS、灌丛 SOS 和草地 SOS 会随年均气温升高和年总降水增多而提前。黄土高原灌丛 SOS 对年均气温和年总降水最为敏感（敏感系数分别为 -1.87 d/℃和 -5.92 d/mm），其次是草地 SOS（对年均气温和年总降水的敏感系数分别为 -0.9 d/℃和 -1.06 d/mm），最后是森林 SOS（对年均气温和年总降水的敏感系数分别为 -0.13 d/℃和 -0.15 d/mm）。

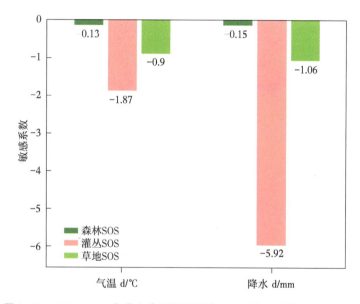

图 3-10　2001—2018 年黄土高原不同植被 SOS 对年平均气候的敏感性

（二）黄土高原植被 EOS 对年平均气候的响应

从图 3-11（a）可以看出，黄土高原植被 EOS 对年均气温的敏感性存在明显的空间差异性，整个黄土高原植被 EOS 对年均气温敏感性的显著像元占比为 19.66%，不显著像元占比为 80.34%（见附表 3-4）。黄土高原中部偏东地区植被 EOS 对年均气温的正敏感性较大，表明这些地区的植被 EOS 会随年均气温的升高而延迟。黄土高原北部、南部和东南部部分地区的植被 EOS 对年均气温的负敏感性较大，表明这些地区的植被 EOS 会随年均气温的升高而提前。从整体来看，黄土高原大部分地区的植被EOS对年均气温表现出正敏感性，表明黄土高原大部分地区的植被EOS会随年均气温的升高而延迟。黄土高原植被EOS对年总降水的敏感性如图3-11（b）所示，黄土高原植被EOS对年总降水的敏感性存在明显的空间差异性，整个黄土高原植被EOS对年总降水敏感性的显著像元占比为26.57%，不显著像元占比为73.43%（见附表3-4）。黄土高原中部偏东地区的植被EOS对年总降水的正敏感性较大，表明这些地区的植被EOS会随年总降水增多而延迟。黄土高原南部和东部部分地区的植被EOS对年总降水的负敏感性较大，表明这些地区的植被EOS会随年总降水增多而提前。从整体来看，黄土高原大部分地区植被EOS对年总降水的敏感性为正，表明黄土高原大部分地区植被EOS会随年总降水增多而延迟。

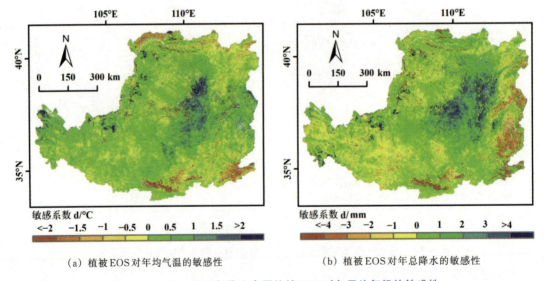

（a）植被EOS对年均气温的敏感性　　（b）植被EOS对年总降水的敏感性

图3-11　2001—2018年黄土高原植被EOS对年平均气候的敏感性

从图3-12可以看出，黄土高原三种不同植被EOS对年平均气候的敏感性均为正，表明森林EOS、灌丛EOS和草地EOS会随年均气温升高和年总降水增多而延迟。黄土高原灌丛EOS对年均气温和年总降水最敏感，敏感系数分别为1.08 d/℃和1.01 d/mm。黄土高原草地EOS对年均气温的敏感性（0.45 d/℃）要大于森林EOS（0.16 d/℃），而森林EOS对年总降水的敏感性（0.44 d/mm）要大于草地EOS（0.05 d/mm），这表明年均气温升高时森林EOS比草地EOS更稳定，而年总降水增多时草地EOS比森林EOS更稳定。

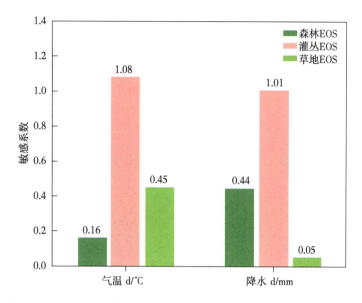

图 3-12　2001—2018 年黄土高原不同植被 EOS 对年平均气候的敏感性

二、黄土高原植被物候对季节性气候的响应

（一）黄土高原植被 SOS 对季节性气候的响应

基于 2001—2018 年黄土高原植被 SOS 对不同季节气候的岭回归分析（见图 3-13），植被 SOS 对不同季节气温和不同季节降水的敏感性均表现出明显的空间异质性。黄土高原植被 SOS 对年初冬季气温和当年春季气温的敏感性空间分布格局类似（通过 $P=0.05$ 显著性检验的像元占比分别为 6.16% 和 7.70%，见附表 3-6），即大面积区域呈现负敏感性，且负敏感性大的区域主要分布在黄土高原东南部，该结果表明黄土高原大面积植被 SOS 会随年初冬季和当年春季气温升高而提前。黄土高原植被 SOS 对上年夏季气温的敏感性正负差异明显（通过 $P=0.05$ 显著性检验的像元占比为 9.33%），正敏感性较大区域主要分布在黄土高原中部，负敏感性较大区域主要分布在黄土高原西北部。黄土高原植被 SOS 对上年秋季气温的负敏感性区域主要分布在黄土高原北部和西部的小部分地区（通过 $P=0.05$ 显著性检验的像元占比为 1.86%），其余地区呈正敏感性。

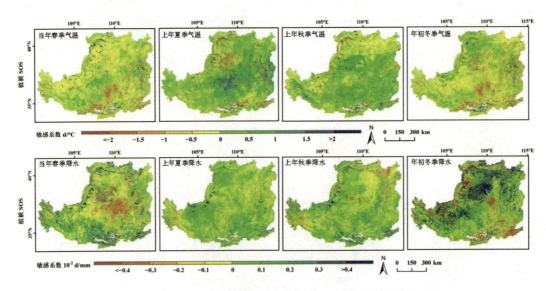

图 3-13　2001—2018 年黄土高原植被 SOS 对季节性气候的敏感性

黄土高原植被 SOS 对当年春季降水和年初冬季降水的敏感性（通过 $P=0.05$ 显著性检验的像元占比分别为 10.82% 和 4.50%）较植被 SOS 对上年夏季降水和上年秋季降水的敏感性（通过 $P=0.05$ 显著性检验的像元占比分别为 4.38% 和 2.04%）大。黄土高原大部分区域植被 SOS 对当年春季降水呈负敏感性，且负敏感性较大的区域主要分布在黄土高原中部，表明春季降水增多会导致植被 SOS 提前。黄土高原植被 SOS 对上年夏季降水的正负敏感性差异并不明显。黄土高原大部分地区植被 SOS 对上年秋季降水呈负敏感性，且东北地区的负敏感性较大。黄土高原植被 SOS 对年初冬季降水的敏感性正负差异明显，负敏感性区域主要分布在黄土高原西北边缘地区和东南部地区，正敏感性区域主要分布在黄土高原中部偏西地区。

通过对比分析不同植被 SOS 对不同季节性气候的敏感系数（见图 3-14），发现不同植被 SOS 对不同季节气温和不同季节降水均表现出不同的敏感程度（除森林 SOS 对当年春季气温和灌丛 SOS 对上年夏季降水的敏感性通过 0.05 的显著性外，其余植被 SOS 对不同季节气候的敏感性均未通过 0.05 的显著性，见附表 3-8）。森林 SOS 对上年夏季气温和上年秋季气温呈现正敏感性（敏感系数分别为 1.64 d/℃ 和 0.69 d/℃），而对年初冬季气温和当年春季气温呈现负敏感性（敏感系数分别为 -3.06 d/℃ 和 -2.85 d/℃）。其中，森林 SOS 对年初冬季气温的敏感性大于森林 SOS 对当年春季气温、上年夏季气温和上年秋季气温的敏感性。黄土高原

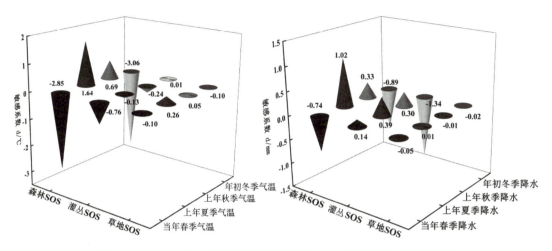

图 3-14　2001—2018 年黄土高原不同植被 SOS 对季节性气候的敏感性

灌丛 SOS 对年初冬季气温呈现正敏感性（0.01 d/℃），而对其他三个季节气温的敏感性为负，且对当年春季气温的负敏感性最大（−0.76 d/℃）。黄土高原草地 SOS 对年初冬季气温和当年春季气温呈负敏感性（敏感系数均为 −0.10 d/℃），而对上年夏季气温和上年秋季气温呈正敏感性（敏感系数分别为 0.26 d/℃和 0.05 d/℃），表明草地 SOS 会随年初冬季气温和当年春季气温升高而提前。从整体上来讲，森林 SOS 对不同季节气温的敏感性均大于灌丛 SOS 和草地 SOS。

黄土高原森林 SOS 对年初冬季降水和当年春季降水呈现负敏感性，且森林 SOS 对年初冬季降水的敏感性大于对当年春季降水的敏感性（敏感系数分别为 −0.89 d/mm 和 −0.74 d/mm）；森林 SOS 对上年夏季降水和上年秋季降水呈正敏感性（敏感系数分别为 1.02 d/mm 和 0.33 d/mm）。黄土高原灌丛 SOS 对年初冬季降水呈现负敏感性（−1.34 d/mm），且该敏感性大于森林 SOS 和草地 SOS 对年初冬季降水的敏感性，但灌丛 SOS 对其他三个季节降水呈现正敏感性。黄土高原草地 SOS 对年初冬季降水、当年春季降水和上年秋季降水均呈现负敏感性（敏感系数分别为 −0.02 d/mm、−0.05 d/mm 和 −0.01 d/mm），表明草地 SOS 会随年初冬季降水、当年春季降水和上年秋季降水的增多而提前；草地 SOS 仅对上年夏季降水呈现正敏感性（0.01 d/mm），表明上年夏季降水增多会使植被生长期延迟。

（二）黄土高原植被EOS对季节性气候的响应

基于2001—2018年黄土高原植被EOS对不同季节气候的岭回归分析（见图3-15），发现植被EOS对不同季节气温和不同季节降水的敏感性均表现出明显的空间差异性。植被EOS对年初冬季气温（通过$P=0.05$显著性检验的像元占比为0.85%，见附表3-7）和当年春季气温（通过$P=0.05$显著性检验的像元占比为1.10%）呈现负敏感性的区域占黄土高原大部分地区。黄土高原植被EOS对当年夏季气温（通过$P=0.05$显著性检验的像元占比为3.09%）的敏感性正负差异明显，且负敏感性较大，主要分布在黄土高原中部偏东北地区。黄土高原大部分地区的植被EOS对当年秋季气温（通过$P=0.05$显著性检验的像元占比为11.69%）的敏感性为正，部分负敏感性区域主要分布在黄土高原东北部，表明黄土高原大部分植被EOS受当年秋季气温升高影响而推迟。

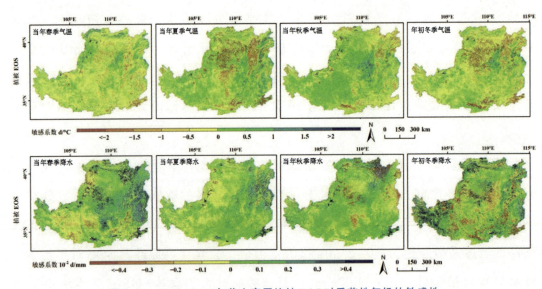

图3-15　2001—2018年黄土高原植被EOS对季节性气候的敏感性

黄土高原植被EOS对当年春季降水（通过$P=0.05$显著性检验的像元占比为6.72%）的敏感性正负差异明显，负敏感性区域主要分布在黄土高原西部，正敏感性区域主要分布在黄土高原中部及东部。黄土高原大部分区域植被EOS对当年夏季降水（通过$P=0.05$显著性检验的像元占比为3.77%）的敏感性为正，负敏感性区域主要分布在黄土高原西北地区。黄土高原植被EOS对当年秋季降水呈正敏感性的区域占大部分地区（通过$P=0.05$显著性检验的像元占比为15.97%），且东北部分地区的负敏感性较大，表明黄土高原大部分地区秋季降水增多会导致植被EOS推迟。黄土高原植被EOS对年初冬季降水的敏感性较植被EOS对其他三个季节降水的敏感性大（通过$P=0.05$显著性检验的像元占比为2.62%），且正负差异明显，负敏感性大的区域零散地分布在整个黄土高原。

通过对比分析不同植被EOS对不同季节气候的敏感系数（见图3-16），发现不同植被EOS对不同季节气温和不同季节降水均表现出不同的敏感程度（除草地EOS对当年春季气温和森林EOS对当年春季降水的敏感性通过0.05的显著性外，其余植被EOS对不同季节气候的敏感性均未通过0.05的显著性，见附表3-9）。黄土高原森林EOS对当年春季气温和当年秋季气温呈正敏感性（敏感系数分别为6.08 d/℃和3.25 d/℃），森林EOS对当年夏季气温和年初冬季气温呈负敏感性（敏感系数分别为−7.89 d/℃和−4.14 d/℃），表明森林EOS会随当年夏季气温升高而提前，但当年秋季气温升高会延迟森林生长期。黄土高原灌丛EOS对当年夏季气温和当年秋季气温呈正敏感性（敏感系数分别为0.12 d/℃和0.10 d/℃），表明当年夏季气温和当年秋季气温升高均会使灌丛EOS延迟；灌丛EOS对当年春季气温和年初冬季气温呈负敏感性（敏感系数分别为−0.08 d/℃和−0.06 d/℃），且灌丛EOS对不同季节气温的敏感性均小于森林EOS和草地EOS对不同季节气温的敏感性。黄土高原草地EOS对当年春季气温和当年秋季气温呈正敏感性（敏感系数分别为0.002 d/℃和4.93 d/℃），草地EOS对当年夏季气温和年初冬季气温呈负敏感性（敏感系数分别为−1.08 d/℃和−0.91 d/℃），该结果表明草地EOS会随年初冬季气温和当年夏季气温的升高而提前，草地EOS会随当年春季气温和当年秋季气温升高而延迟。黄土高原森林EOS对年初冬季降水呈负敏感性（敏感系数为−2.80 d/mm），森林EOS对其他三个季节降水呈正敏感性，当年春季、当年夏季和当年秋季降水增加会导致森林EOS延迟。黄土高原灌丛EOS和草地EOS对不同季节降水均呈正敏感性，且草地EOS对不同季节降水的敏感性大于灌丛EOS对不同季节降水的敏感性。该结果表明在黄土高原干旱和半干旱地区，植被EOS会随降水量的增加而延迟。

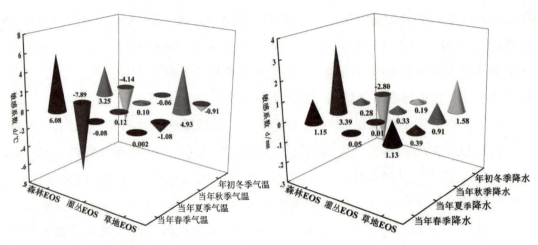

图 3-16　2001—2018 年黄土高原不同植被 EOS 对季节性气候的敏感性

三、黄土高原植被物候对极端气候的响应

（一）黄土高原极端气候因子对植被物候的重要性

随机森林模型可以将一个变量的取值变为随机数，值越大表示该变量越重要。本节利用该模型确定黄土高原 7 个极端气候指数对不同植被物候的影响，如图 3-17 所示。本节主要研究森林、灌丛和草地与黄土高原整体区域植被物候对极端气候的响应。

不同极端气候指数对不同植被物候的重要性不同（见图 3-17）。对于黄土高原不同植被 SOS 来讲，森林 SOS 主要受 TXn 指数和 DTR 指数的影响，表明森林 SOS 易受气温冷极值和日温差的影响；灌丛 SOS 的极端气候指数重要性大小依次为 TNn 指数、TXx 指数、TXn 指数、DTR 指数、RX5day 指数、TNx 指数、RX1day 指数；草地 SOS 主要受 DTR 指数和 TXx 指数的影响，表明草地 SOS 易受日温差和气温热极值的影响。黄土高原整体区域受气温极值 TNn 和 TXx 指数的影响较大，其次是 RX5day 指数。该结果表明，黄土高原出现极端高温和极端低温时植被的生长期最易受到影响。对于黄土高原不同植被 EOS 来讲，森林 EOS 受 DTR 指数、TXn 指数和 TNn 指数的影响较大；灌丛 EOS 受 RX5day 指数影响最大，其次是 TNn、TXn 和 DTR 等指数；草地 EOS 受 TNx 指数和 RX1day 指数的影响较大，其次是 DTR 和 RX5day 等指数。对黄土高原整体区域来讲，植被

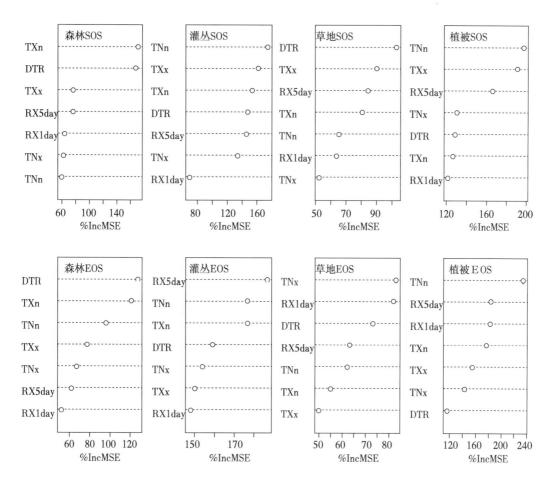

图 3-17 黄土高原极端气候因子对植被物候的重要性

EOS 受 TNn 指数的影响最大,其次是降水指数 RX5day 和 RX1day。黄土高原植被 SOS 无论从整体来讲,还是从各植被类型来讲,均对气温指数的敏感性较大,尤其是气温的最低值和最高值;植被 EOS 除了对气温冷极值的敏感性较大外,对极端降水指数的敏感性也较大。

(二)黄土高原植被 SOS 对极端气候的响应

黄土高原 2001—2018 年植被 SOS 对极端气候 TXx 指数、TXn 指数、TNn 指数、TNx 指数、DTR 指数、RX1day 指数和 RX5day 指数敏感性空间分布如图 3-18 所示($P<0.01$ 的像元占比均小于 10%,见附表 3-10),植被 SOS 对 7 个极端气候指数表现出空间差异性。由图 3-18 可以看出,植被 SOS 对 TXx 指数负敏感性大的区域主要分布在黄土高原西部和北部部分地区。植被 SOS 对 TXn 指数的敏感性

在黄土高原大部分区域为正,且正敏感系数主要集中为0~0.5 d/℃;负敏感性较集中的区域主要分布在黄土高原北部,但负敏感性也在黄土高原中部和南部部分地区零散分布。黄土高原植被SOS对TNn指数呈负敏感性的区域主要分布在黄土高原北部偏东地区,且负敏感系数较大;植被SOS对TNn指数正敏感性大的区域主要分布在黄土高原西部和东北部部分地区,其他区域的正敏感性较小,较小的正敏感系数主要集中为0~0.5 d/℃。黄土高原植被SOS对TNx指数呈正敏感性的区域占黄土高原大部分区域,呈负敏感性的区域零散地分布在黄土高原。黄土高原植被SOS对DTR指数呈负敏感性的区域分布在整个研究区内,且负敏感性较大,呈正敏感性的区域仅占黄土高原的极少部分区域,表明黄土高原地区DTR变小时植被SOS会发生延迟现象。黄土高原植被SOS对极端降水指数RX1day和RX5day的敏感性空间分布类似,呈负敏感性的区域主要分布在黄土高原西部和西北部部分地区,其余部分区域呈正敏感性,正敏感系数主要集中为 $(0\sim0.5)\times10^{-2}$d/mm。

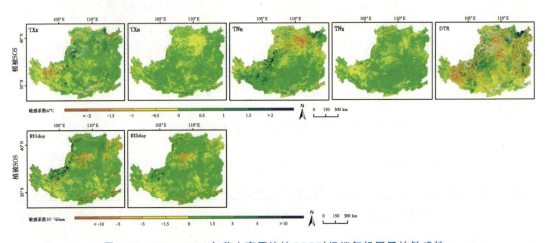

图3-18 2001—2018年黄土高原植被SOS对极端气候因子的敏感性

通过对比分析黄土高原不同植被SOS对极端气候因子的敏感性(见图3-19),发现不同植被SOS对不同极端气候指数表现出不同的敏感程度。由图3-19可以看出,不同植被SOS对DTR指数的敏感性均为负(不同植被SOS对DTR指数的敏感性均通过0.05的显著性,见附表3-12),其敏感性由大到小依次为灌丛SOS(-4.149×10^{-2}d/℃)、森林SOS(-0.619×10^{-2}d/℃)、草地SOS(-0.474×10^{-2}d/℃),该结果表明灌丛SOS相比与森林SOS和草地SOS对DTR指数的敏感性大,而草地SOS在DTR指数的影响下最稳定。黄土高原不同植被SOS对

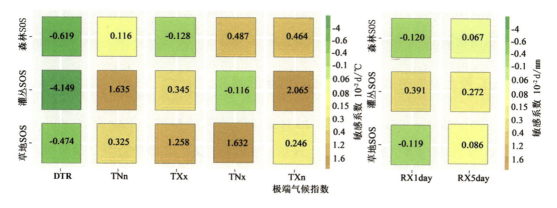

图 3-19 2001—2018 年黄土高原不同植被 SOS 对极端气候因子的敏感性

TNn 指数的敏感性均为正（森林 SOS 和草地 SOS 对 TNn 指数的敏感性通过了 0.05 的显著性），表明黄土高原气温过低时不同植被 SOS 均会发生延迟现象，其中灌丛 SOS 对 TNn 指数的敏感性最大（1.635×10^{-2} d/℃），其次为草地 SOS（0.325×10^{-2} d/℃）和森林 SOS（0.116×10^{-2} d/℃），该结果表明气温过低对灌丛 SOS 的影响最大。黄土高原草地 SOS 对 TXx 指数的敏感性最大（1.258×10^{-2} d/℃），其次是灌丛 SOS（0.345×10^{-2} d/℃）和森林 SOS（-0.128×10^{-2} d/℃），其中森林 SOS 对 TXx 指数的敏感性为负（仅有草地 SOS 对 TXx 指数的敏感性通过了 0.05 的显著性），表明三种植被中草地 SOS 最易受 TXx 指数的影响。黄土高原草地 SOS 对 TNx 指数的敏感性最大（1.632×10^{-2} d/℃），其次是森林 SOS（0.487×10^{-2} d/℃）和灌丛 SOS（-0.116×10^{-2} d/℃），其中灌丛 SOS 对 TNx 指数的敏感性为负（不同植被 SOS 对 TNx 指数的敏感性均未通过 0.05 的显著性）。不同植被 SOS 对 TXn 指数的敏感性均为正（不同植被 SOS 对 TXn 指数的敏感性均未通过 0.05 的显著性），其敏感系数由大到小依次为灌丛 SOS（2.065×10^{-2} d/℃）、森林 SOS（0.464×10^{-2} d/℃）、草地 SOS（0.246×10^{-2} d/℃）。黄土高原草地 SOS 和森林 SOS 对 RX1day 指数呈负敏感性（敏感系数分别为 -0.119×10^{-2} d/mm 和 -0.120×10^{-2} d/mm），而灌丛 SOS 对 RX1day 指数呈正敏感性（0.391×10^{-2} d/mm）。黄土高原不同植被 SOS 对 RX5day 指数均呈正敏感性，其敏感系数由大到小依次为灌丛 SOS（0.272×10^{-2} d/mm）、草地 SOS（0.086×10^{-2} d/mm）、森林 SOS（0.067×10^{-2} d/mm），该结果表明不同植被 SOS 均会随 RX5day 指数变大而延迟。从总体上来讲，对极端气温的响应中，森林 SOS 和灌丛 SOS 对

DTR指数的敏感性较大,草地SOS对TNx指数的敏感性最大;对极端降水的响应中,不同植被SOS最易受RX1day指数的影响。

(三) 黄土高原植被EOS对极端气候的响应

黄土高原2001—2018年植被EOS对极端气候TXx指数、TXn指数、TNn指数、TNx指数、DTR指数、RX1day指数和RX5day指数敏感性空间分布如图3-20所示($P<0.01$的像元占比均小于11%,见附表3-11),植被EOS对7个极端气候指数表现出空间差异性,且植被EOS对极端气温指数的敏感性呈现相似的空间分布(除DTR指数外),植被EOS对极端降水指数的敏感性呈现相似的空间分布。从图3-20可以看出,植被EOS对TXx指数呈负敏感性的区域主要分布在黄土高原南部,正敏感性大的区域主要分布在黄土高原西部,其他区域正敏感性较小,正敏感系数主要集中为0~0.5 d/℃。植被EOS对TXn指数、TNn指数和TNx指数敏感性的空间分布类似,大部分区域呈正敏感性,负敏感系数主要集中为-0.5~0 d/℃,零散分布在整个黄土高原。黄土高原植被EOS对DTR指数呈负敏感性的区域占绝大部分区域,且负敏感系数较大。植被EOS对RX1day和RX5day指数的敏感性空间分布类似,在黄土高原大部分区域呈现负敏感性,但植被EOS对RX1day指数的负敏感性较植被EOS对RX5day的负敏感性大,植被EOS对RX1day指数的负敏感系数主要集中为$(-0.5$~$0) \times 10^{-2}$ d/mm,正敏感性区域主要分布在黄土高原东北部部分地区,正敏感系数主要集中为$(0$~$0.5) \times 10^{-2}$ d/mm。

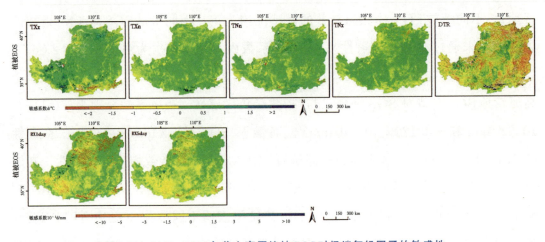

图3-20 2001—2018年黄土高原植被EOS对极端气候因子的敏感性

通过对比分析黄土高原不同植被EOS对极端气候因子的敏感性（见图3-21），发现不同植被EOS对不同极端气候因子表现出不同的敏感程度。从图3-21可以看出，不同植被EOS对DTR指数的敏感性均为负（不同植被EOS对DTR指数的敏感性均未通过0.05的显著性，见附表3-12），其敏感性由大到小依次为灌丛EOS（-35.638×10^{-2}d/℃）、草地EOS（-26.127×10^{-2}d/℃）、森林EOS（-9.172×10^{-2}d/℃），该结果表明灌丛EOS相比于森林EOS和草地EOS对DTR指数的敏感性更大。黄土高原不同植被EOS对TNn指数均呈正敏感性，草地EOS对TNn指数最为敏感（5.972×10^{-2}d/℃），其次是森林EOS（2.646×10^{-2}d/℃）和灌丛EOS（1.761×10^{-2}d/℃），表明不同植被EOS受气温极低值的影响易发生推迟现象，尤其是草地EOS。黄土高原不同植被EOS对TXx指数也均呈正敏感性（不同植被对TXx指数的敏感性均未通过0.05的显著性），其敏感系数由大到小依次为草地EOS（7.242×10^{-2}d/℃）、灌丛EOS（5.939×10^{-2}d/℃）、森林EOS（0.833×10^{-2}d/℃），表明森林EOS对TXx指数的耐受力较强，不易受其影响。黄土高原植被EOS对TNx指数均呈正敏感性，草地EOS对TNx指数的敏感系数最大（14.391×10^{-2}d/℃），其次是灌丛EOS（6.623×10^{-2}d/℃）和森林EOS（5.118×10^{-2}d/℃）。黄土高原灌丛EOS对TXn指数呈负敏感性（-0.018×10^{-2}d/℃），森林EOS和草地EOS（敏感系数分别为6.283×10^{-2}d/℃和0.960×10^{-2}d/℃）对TXn指数呈正敏感性（仅有森林EOS对TXn指数的敏感性通过了0.05的显著性），该结果表明灌丛EOS受TXn指数的影响呈现提前趋势。黄土高原不同植被EOS对RX1day指数均呈正敏感性，敏感系数从大到小依次为森林EOS（0.990×10^{-2}d/mm）、灌丛EOS（0.350×10^{-2}d/mm）、草地EOS（0.029×10^{-2}d/mm）（仅有森林EOS对RX1day指数的敏感性通过了0.05的显著性），表明森林EOS对RX1day指数的敏感性最大。黄土高原森林EOS对RX5day指数呈负敏感性（-0.561×10^{-2}d/mm），灌丛EOS（0.284×10^{-2}d/mm）和草地EOS（0.074×10^{-2}d/mm）对RX5day指数呈正敏感性（不同植被EOS对RX5day指数的敏感性均未通过0.05的显著性），该结果表明森林EOS会随RX5day指数增大而提前，而草地EOS和灌丛EOS会随RX5day指数增大而延迟。

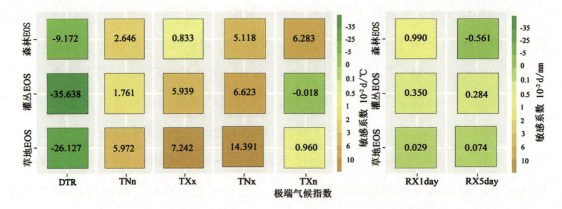

图 3-21　2001—2018 年黄土高原不同植被 EOS 对极端气候因子的敏感性

四、黄土高原植被物候对 SPEI 的响应

（一）黄土高原植被物候对 SPEI 的敏感性

黄土高原植被物候对不同季节 SPEI 的敏感性随干旱发生时间的变化如图 3-22 所示，植被 SOS 对上年夏季和上年秋季 SPEI 的正敏感系数像元占比较大（分别为 61.38% 和 61.17%），反映出受上年夏季和上年秋季 SPEI 的影响（通过 $P=0.05$ 显著性检验的像元占比均小于 50.0%），大部分植被 SOS 会延迟。同样，植被 SOS 对年初冬季和当年春季 SPEI 的负敏感系数像元占比较大，反映出受年初冬季和当年春季 SPEI 的影响，大部分植被 SOS 会提前。植被 EOS 对年初冬季 SPEI 的正敏感系数像元占比最大（通过 $P=0.05$ 显著性检验的像元占比大于 50.0%），反映出年初冬季 SPEI 相比于其他季节 SPEI 更容易导致植被 EOS 延迟，而当年夏季发生干旱更容易导致大面积植被提前结束生长期。

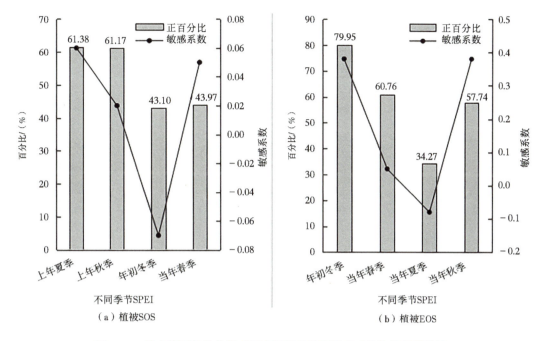

图 3-22　黄土高原植被物候对季节性干旱的正敏感系数和像元百分比

（二）黄土高原植被物候对SPEI敏感性的空间分布

基于2001—2018年黄土高原植被物候对不同季节SPEI的岭回归分析，发现植被SOS和植被EOS对季节性SPEI的响应均具有明显的空间异质性（见图3-23）。植被SOS对当年春季和年初冬季SPEI的正负敏感性较其他两个季节差异明显，植被SOS对当年春季SPEI呈负敏感性的区域主要分布在黄土高原中部，而植被SOS对年初冬季SPEI呈负敏感性的区域零散地分布在整个区域（通过$P=0.05$显著性检验的像元占比为70.1%），尤其是青海和甘肃境内，说明青海和甘肃境内年初冬季干旱程度减弱时，植被的萌芽期会提前，其原因可能是适当的气温促使植被SOS提前。植被SOS对上年夏季SPEI和上年秋季SPEI的正敏感系数像元占比较大，植被SOS对上年夏季SPEI呈较大负敏感性的区域主要分布在黄土高原东北部，整个黄土高原植被SOS对上年秋季SPEI的敏感性较小。植被EOS对年初冬季SPEI的正敏感性较大，且显著正敏感性大范围分布在整个研究区域（通过$P=0.05$显著性检验的像元占比为73.4%），表明年初冬季干旱程度减弱，黄土高原植被的生长会延迟。植被EOS对当年春季SPEI的正负敏感性差异明显，甘肃、宁夏和陕西境内部分地区呈负敏感性。植被EOS对当年夏季SPEI

在黄土高原东南部部分地区呈正敏感性，其他大部分区域呈负敏感性，表明当年夏季干旱过强会导致植被提前结束生长。大部分区域的植被EOS对当年秋季SPEI的敏感系数较小，表明植被在结束生长期间对干旱的响应较弱。

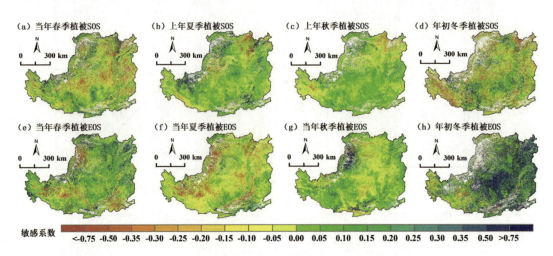

图3-23 黄土高原植被物候对季节性干旱的敏感性

（三）黄土高原不同植被物候对SPEI的响应

对比分析不同植被物候对不同季节SPEI的敏感系数（见图3-24），发现不同植被SOS和不同植被EOS均对不同季节SPEI表现出不同的敏感程度。森林SOS对当年春季SPEI的敏感性大于其他三个季节，且只有上年夏季干旱程度减弱，才会使森林SOS提前。灌丛SOS对不同季节SPEI均表现出正敏感性，即不同季节SPEI均会导致灌丛SOS延迟。草地SOS对4个季节SPEI的敏感系数均为负值，表明草地SOS在干旱程度较弱时会提前，且年初冬季干旱程度在各季节中对草地SOS的影响最大。不同植被EOS对当年春季和年初冬季SPEI的敏感系数均为正值，表明年初冬季和当年春季SPEI均会导致植被EOS推迟，尤其是年初冬季SPEI。灌丛EOS对当年春季SPEI的敏感性大于森林EOS和草地EOS，对年初冬季SPEI的敏感性也大于森林EOS，与草地EOS相等，表明灌丛相比于森林和草地更易受当年春季和年初冬季干旱的影响。不同植被EOS对当年夏季SPEI的敏感系数均为负值，表明当年夏季干旱程度加剧会导致不同植被提前结束生长。受当年夏季SPEI影响，不同植被EOS提前顺序依次是森林、草地、灌丛；当年夏季和当年秋季SPEI均会导致灌丛提前结束生长，尤其是当年秋季SPEI。

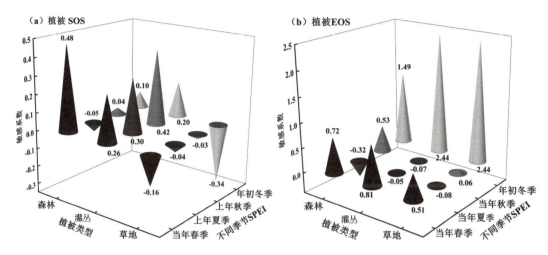

图 3-24 黄土高原不同植被物候对干旱的敏感系数

第三节 讨论

一、黄土高原物候变化的时空分布特征

黄土高原是地球上分布最集中且面积最大的黄土区,其气候特点是干旱少雨,风大沙多,由此导致该地区及周边地区多尘沙天气[①]。二十多年来,政府采取退耕还林还草、封沙育林育草等一系列措施改善黄土高原脆弱的生态环境,植被覆盖情况得到有效改善,从而改变了黄土高原植被物候特征。本章研究发现黄土高原植被SOS多年呈提前趋势,植被EOS多年呈延迟趋势,该研究结果与谢宝妮等研究的1982—2011年黄土高原植被物候变化结果类似。植被SOS提前可减少风对黄土高原的侵蚀,植被EOS延迟可减少水对黄土高原的侵蚀,植被生长期延长对于整个黄土高原生态系统发展具有重要意义。此外,黄土高原西部和北部部分地区的植被EOS发生较早,而南部和中部部分地区的植被生长季末期较迟,其空间分布可用于指导黄土高原农林牧分布的调整。黄土高原植被SOS空间分布可

---

① Fu B J, Wang S, Liu Y, et al. Hydrogeomorphic ecosystem responses to natural and anthropogenic changes in the Loess Plateau of China[J]. Annual Review of Earth and Planetary Sciences,2017,45(1):223-243.

用于指导植树种草工程的实施，黄土高原东南部植被SOS发生较早、水热条件较好，黄土高原西北部植被SOS发生较迟、水热条件相对东南部地区较差，根据不同区域植被SOS发生时节实施植树种草工程对于黄土高原植被恢复具有重要意义。

本章通过 R/S 分析法对植被物候进行趋势预测，发现大部分区域植被物候呈持续性变化趋势，即植被SOS提前、植被EOS推迟，这种趋势可能与全球气候持续变暖有关；但仍有一些区域呈现反持续状态，对于这种持续性较差的区域，应该在后续植被治理中给予重点关注，以加强区域生态系统的稳定性。由于植被物候变化的监测是一个长期动态的过程，本章获取的MOD13Q1数据相比于GIMMS等数据的时间序列较短，利用Hurst指数进行预测可以使获取的物候数据在趋势分析上更完整一些，且其作为一种随机性预测的新途径，可以较大限度提高预测结果的准确性，但接下来如何将站点数据与遥感监测数据相结合进行准确的预测，克服Hurst指数仅能反映现有趋势是否有转折的缺点有待进一步研究。

二、黄土高原气候因子对植被物候的影响

植被物候变化是一个周期性、持续性的动态过程，制约其变化的因素众多，且各因素之间相互影响。其中，气温和降水是影响气候的两个重要因素，本章通过岭回归分析逐像元计算植被物候对气候变化的响应，发现各季节气温对植被SOS的影响占主导位置，除了上年夏季气温升高会导致植被SOS延迟外，其他季节气温升高均会导致植被SOS提前，尤其是当年春季气温。该结论与之前许多研究相符，即认为气温是影响物候的主要因素，当年春季气温的升高会增加植被发芽和叶片扩张的热量，从而使得植被SOS提前，且当气温升高时土壤有机质的分解速率会加快，促使土壤中的养分更容易矿化并提供给植物，从而促进植被的生长。当然，也有研究认为早期植被SOS会受到蒸散量的影响，气温升高会使得蒸散量增加、水的可利用性降低，从而可能延迟植被的发芽，但这取决于气温、降水和蒸散发等因子对植被物候的共同影响。本研究还发现上年夏季和上年秋季降水的增加均会导致植被SOS延迟，可能的原因是植被SOS受上一年植被EOS的影响，当上年夏季和上年秋季降水导致上年植被EOS延迟时，间接导致下一年植

被SOS延迟。Zhao等[①]的研究结果表明干旱对黄土高原地区植被的生长存在时滞效应和积累效应，且积累效应发生在5~10个月内。因此，物候发生前的各季节气候对植被SOS也具有重要影响。

另外，不同植被SOS对不同季节气候的响应存在差异，可能的原因是不同植被在功能性状（如根系深度、叶表面积等）、生理生态过程及其对气候变化响应的敏感性均存在差异。Piao等认为干旱和半干旱地区以旱生和强旱生植被为主，气温和降水均会影响植被的生长，且在热量充足的条件下，降水对植被EOS的影响显得更为重要。降水可以缓解水分胁迫，使得植被EOS延迟。本研究发现黄土高原各季节降水和秋季气温对植被EOS的影响占主导位置，即除了秋季气温外，不同季节降水是影响植被EOS的主要因素，这一结果与Che等（2014）和刘静等（2020）的观点一致，同时Liu等[②]研究认为植被在秋季时需水量会减少，气温升高会增加光合酶的活性、减缓叶绿素的降解。因此，不同季节气温升高也是推迟植被EOS的重要因子，尤其是当年秋季气温。此外，由于不同植被的生理特性不同，以及其对气候变化的敏感程度不同，不同植被SOS相比于EOS对各季节降水的响应更为复杂，不同植被EOS相比于SOS对各季节气温的响应更为复杂。因此，未来的研究需关注植被个体特性受气候变化的影响差异，以及植被物候变化受其他更多因素的影响，比如Cong等（2013）和Jin等（2009）提出的降水时间、土壤持水量等对植被生长的影响程度和影响机制。

大多数研究表明极端气候事件会对植被物候造成影响，极端气温事件通过影响植被光合作用和呼吸作用中的酶活性而影响植被的生长和发育，而极端降水事件通过影响植被土壤含水量进而影响植被生长。其中，Piao等研究发现，北方地区的植被受高温影响大于受降水影响，Nagy等[③]通过自然实验发现植被物候受极端气候指数的影响，观测到气温极端指数会导致温带植被SOS提前近一个月。本研究发现，极端气温事件和极端降水事件均会影响植被生长，且在三种植被中，

---

① Zhao A Z, Yu Q Y, Feng L L, et al. Evaluating the cumulative and time-lag effects of drought on grassland vegetation: A case study in the Chinese Loess Plateau[J]. Journal of Environmental Management, 2020, 261: 110214.

② Liu Q, Fu Y H, Zeng Z Z, et al. Temperature, precipitation, and insolation effects on autumn vegetation phenology in temperate China[J]. Global Change Biology, 2016, 22 (2): 644-655.

③ Nagy L, Kreyling J, Gellesch E, et al. Recurring weather extremes alter the flowering phenology of two common temperate shrubs[J]. International Journal of Biometeorology, 2013, 57 (4): 579-588.

森林会受到RX5day指数的影响而提前结束生长季，可能的原因是森林EOS相比于灌丛EOS和草地EOS有着相对较高的土壤含水量，秋季降水的增多会导致森林根际形成厌氧环境，从而提前结束生长。不同植被物候对极端气候事件的敏感性响应复杂，本章还发现植被SOS和植被EOS对DTR指数的敏感性均为负，即DTR增大在导致植被春季物候提前时，也会使得秋季植被提前结束生长季，一个可能的原因是近年来TXx指数和TNx指数上升速率大于TXn指数和TNn指数，"假春"现象的发生不利于植被的生长，会使得植被提前结束生长季，从而缩短植被生长的周期。另一个可能的原因是当植被遇到环境胁迫时，植被自身的生物反应会控制植被的萌芽、叶片衰老和生长停滞。此外，植被活动的季节性轨迹很可能对极端气候更为敏感，澳大利亚干旱地区生态系统中出现了春季气温过高，会严重延迟甚至无法检测到的物候周期，且Crabbe等[①]对四种灌木物种的研究发现高温通常对开花有强烈的负面影响，这与本研究春季物候对极端气温的敏感性响应相同。尽管物候受极端气候影响的证据在增加，但随着极端气候事件发生的频率越来越高，气候敏感地区的植被物候受其影响也越来越大，所以如何应对极端气候事件对生态系统产生的重大影响成为未来研究的重点。

以往研究普遍认为气候变化是影响植被物候变化的最重要的因素。在本研究中，我们也重点研究了物候变化受年平均气候、季节性气候和极端气候指数的影响，但在分析过程中发现，植被SOS受气候因子影响提前，可能会间接导致植被EOS提前，且当年植被EOS受当年气候影响后，也可能会间接导致下年植被SOS发生改变。故本章对植被SOS和植被EOS进行了相关分析，研究结果显示（见图3-25），黄土高原植被SOS与植被EOS存在相关性，且两者显著相关的区域主要分布在相关系数较大的区域。存在这一结果的原因可能是植被在生长和发育的过程中需要自身储存的碳水化合物和营养，而植被EOS延迟可能会使植被储存更多的养分，即这些养分可以供给给第二年植被的萌芽和生长，从而促使植被SOS提前。当然，这些解释也仅从营养学的角度出发，植被SOS与植被EOS之间确切的关系难以界定，目前也没有直接的证据证明群落生态系统尺度上植被

---

① Crabbe R A, Dash J, Rodriguez-Galiano V F, et al. Extreme warm temperatures alter forest phenology and productivity in Europe[J]. Science of the Total Environment, 2016, 563: 486-495.

SOS与植被EOS存在关系。因此，结合遥感学和植物营养学，探究大尺度植被SOS与植被EOS相互影响的机制也是未来研究的重点。

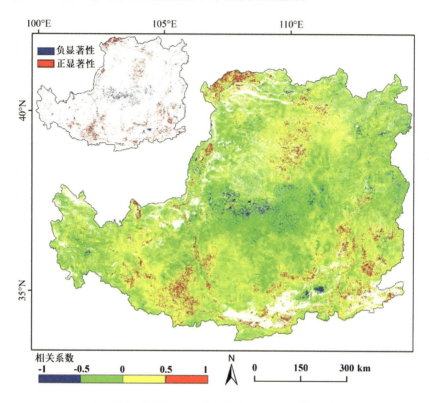

图 3-25　黄土高原植被SOS与植被EOS的关系

（注：左上角为植被SOS与植被EOS通过$P=0.05$显著性检验的相关性。）

三、黄土高原干旱对植被物候的影响

SPEI除了能够识别不同时间尺度的干旱外，它还考虑了降水和气温，故被广泛运用于干旱和半干旱环境的研究中。黄土高原大部分地区属于干旱和半干旱气候，SPEI在时间和空间上均表现出很大的差异性，且季节性SPEI由于受地形和大气环流的影响似乎比年际平均SPEI更能反映干旱变化的复杂性，故采用季节性SPEI更能细化干旱对植被物候的影响。

Zhao等研究黄土高原干旱对植被的积累效应和时滞效应时发现，干旱对植被的积累效应发生在5~10个月内，而时滞效应发生在2~3个月内。这个结果间接验证了本章的研究结果，物候发生之前的干旱和物候发生时的干旱均会对植被物候产生影响。以往研究认为气温和降水是影响植被生长和植被物候的主要因素，而本章通过分析干旱对植被物候的影响后，认为干旱程度也是影响植被物候的一个重要因素，干旱事件的发生对干旱和半干旱地区植被活动会产生重要影响。本章研究发现，植被 SOS 对年初冬季和当年春季 SPEI 的负敏感性占比较大，由于 SPEI 越小，表示干旱程度越高，故年初冬季和当年春季干旱减弱会使植被 SOS 提前，导致这一结果可能的原因是黄土高原植被经历了寒冷干燥的冬季后，春季气候回暖与干旱协同促进了植被萌芽。植被物候对季节性干旱的空间敏感性响应正负差异明显，可认为干旱的发生会导致黄土高原区域内植被物候空间异质性变大。此外，本章研究还发现植被 EOS 受季节性 SPEI 的影响较植被 SOS 复杂，森林 SOS 较灌丛 SOS 和草地 SOS 更容易受当年春季 SPEI 的影响，不同季节干旱减弱均会导致灌丛 SOS 延迟、草地 SOS 提前，原因可能是不同生态系统中不同群落的各种植被生理特性及功能策略不同，从而导致不同植被物候对季节性干旱有着不同的敏感程度。另外，裴婷婷等指出黄土高原灌丛的水分利用效率对气候的敏感程度明显高于森林和草地，可能导致灌丛 EOS 比森林 EOS 和草地 EOS 更易受季节性 SPEI 的影响，可相应证实本章结论。

第四节 小结

本章基于 MOD13Q1 NDVI 数据提取的植被物候数据，采用一元线性回归分析法、Theil-Sen 中位数趋势法、Mann-Kendall 检验法和 Hurst 指数预测法等方法分析了 2001—2018 年黄土高原植被物候的时空变化特征。同时，基于植被物候数据和气候因子数据，采用岭回归分析探究了 2001—2018 年黄土高原植被物候对年平均气候、季节性气候和极端气候的响应，得到以下结论：

（一）植被 SOS 的时空变化特征

黄土高原植被 SOS 多年呈提前趋势，其变化斜率为 -0.38 d/a；植被 SOS 空间变化随着地势由西北向东南方向逐渐提前。不同植被 SOS 提前趋势由强到弱依次为森林SOS、灌丛SOS、草地SOS。黄土高原植被SOS在不同地形条件下存在差异，在高程和坡度较小的区域植被SOS较分散，植被SOS随着高程和坡度变大而集中；在高程和坡度较小的区域植被SOS发生较早，高程和坡度较大的区域植被SOS发生较迟。在未来一段时间，黄土高原47.7%的植被SOS仍将呈现提前趋势。

（二）植被EOS的时空变化特征

黄土高原植被EOS的物候参数空间差异较小；植被EOS多年呈推迟趋势，其变化斜率为2.83 d/a。不同植被EOS基本保持一致，草地最早结束生长，其次是森林和灌丛。在黄土高原不同的地形条件下，高程越小，植被EOS发生越迟；高程越大，植被EOS发生越早。在未来一段时间，黄土高原53.4%的植被EOS仍将呈现延迟趋势。

（三）植被物候对年平均气候的响应

黄土高原大部分地区植被SOS会随年均气温升高和年总降水增加而提前，仅西北部部分地区的植被SOS会延迟。黄土高原森林SOS、灌丛SOS和草地SOS均会随年均气温升高和年总降水增多而提前，其中灌丛SOS对年均气温和年总降水最为敏感。

黄土高原大部分地区植被EOS会随年均气温升高和年总降水增加而延迟，尤其在黄土高原中部偏东地区；黄土高原北部、南部和东南部部分地区的植被EOS会随年均气温升高而提前，黄土高原南部和东部部分地区的植被EOS会随年总降水的增加而提前。黄土高原森林EOS、灌丛EOS和草地EOS均会随年均气温升高和年总降水增加而延迟，其中灌丛EOS最易受年均气温和年总降水的影响。

（四）植被物候对季节性气候的响应

黄土高原大部分地区植被SOS会随年初冬季和当年春季气温升高而提前；大部分植被SOS会随上年夏季和上年秋季气温升高而推迟。黄土高原年初冬季降水会导致植被SOS延迟，当年春季降水会导致植被SOS提前。黄土高原大部分地区植被SOS对上年夏季降水的正负敏感性差异并不明显，但大部分植被SOS会随上年秋季降水增多而提前。年初冬季和当年春季的气温升高和降水增加会导致森林SOS提前，而上年夏季和上年秋季的气温升高和降水增加会导致森林SOS延迟。上年夏季、上年秋季和当年春季的气温升高会导致灌丛SOS提前，但上年夏季、上年秋季和当年春季的降水增多会导致灌丛SOS延迟。

植被EOS随年初冬季和当年春季气温升高而提前的区域占黄土高原大部分区域；当年夏季气温升高会导致黄土高原中部偏东北地区的植被提前结束生长期；当年秋季气温升高会导致黄土高原大部分地区的植被EOS延迟。当年夏季气温升高会导致森林EOS和草地EOS提前，当年秋季气温升高会导致森林EOS和草地EOS延迟；不同季节降水量的增加均会导致植被EOS延迟。

（五）植被物候对极端气候的响应

黄土高原大部分地区植被SOS会随TXx指数、TXn指数、TNn指数、TNx指数、RX1day指数和RX5day指数增大而推迟；黄土高原西部部分地区的植被SOS会随TXx指数和RX1day指数的增大而提前；黄土高原北部部分地区的植被SOS会随TXn指数增大而提前。黄土高原气温过低对灌丛SOS的影响最大，气温过高对草地SOS影响最大，但DTR指数增大会导致不同植被SOS提前；不同植被SOS均会随RX5day指数变大而延迟，尤其是灌丛SOS。

黄土高原植被EOS对极端气候指数的敏感性呈现相似的空间分布（除DTR指数外）。黄土高原大部分区域植被EOS会随TXx、TXn、TNn和TNx指数的增大而延迟，随DTR指数增大而提前；黄土高原大部分地区的植被EOS会随RX1day和RX5day指数变大而提前。不同植被EOS对不同极端气候指数表现出不同的敏感程度，不同植被EOS受极端气温的影响易发生推迟现象。森林EOS相较于灌丛EOS和草地EOS不易受TXx指数的影响，但易受RX1day指数和RX5day指数的影响；草地EOS会受极端指数（除DTR指数外）增大影响而延迟；灌丛EOS受TXn指数和DTR指数增大的影响呈现提前趋势，但会随其他极端指数的增大而发生延迟现象。

（六）植被物候对SPEI的响应

上年夏季和上年秋季干旱程度加剧会导致植被SOS延迟，而年初冬季和当年春季干旱程度减弱可使得植被SOS提前。年初冬季SPEI相比于当年春季SPEI和当年秋季SPEI更容易导致植被EOS延迟，当年夏季干旱加剧会导致植被提前结束生长。植被EOS和植被SOS对季节性SPEI的响应均具有明显的空间异质性。黄土高原青海境内年初冬季干旱程度减弱时，会导致植被SOS提前。当年夏季干旱程度加剧会导致黄土高原大部分植被提前结束生长。大部分植被EOS对当年秋季干旱的响应相对其他季节较弱。不同季节SPEI均会导致灌丛SOS延迟、草地SOS提前，且灌丛相比于森林和草地更容易受干旱的影响。年初冬季干旱程度相比于其他季节对草地SOS的影响更大，但森林、灌丛和草地均会随当年夏季干旱程度加剧而提前结束生长。

附表3-1　黄土高原不同植被物候像元百分比统计

物候	森林	灌丛	草地
SOS（第80~100天/第90~130天）	90.71%	80.54%	82.54%
EOS（第280~310天）	98.09%	98.52%	86.92%

附表3-2　黄土高原不同植被物候趋势像元百分比统计

物候	森林	灌丛	草地
SOS（0~1 d/10a）	99.41%	78.61%	80.97%
EOS（1~2 d/10a）	78.81%	65.36%	59.36%

附表3-3　黄土高原不同植被物候Hurst指数像元百分比统计

H值范围	森林	灌丛	草地
SOS（0~0.5）	56.80%	52.65%	47.48%
SOS（0.5~1）	43.20%	47.35%	52.52%
EOS（0~0.5）	53.70%	50.30%	35.70%
EOS（0.5~1）	46.30%	49.70%	64.30%

附表3-4　黄土高原植被物候对平均气候敏感性显著像元百分比统计

显著性	SOS		EOS	
	气温	降水	气温	降水
显著	27.70%	21.33%	19.66%	26.57%

续表

显著性	SOS		EOS	
	气温	降水	气温	降水
不显著	72.30%	78.67%	80.34%	73.43%

附表 3-5　黄土高原不同植被物候对平均气候敏感的显著性

植被	SOS		EOS	
	气温	降水	气温	降水
森林	0.40	0.01	0.24	0.11
灌丛	0.59	0.01	0.72	0.03
草地	0.16	0.73	0.77	0.78

附表 3-6　黄土高原植被 SOS 对季节性气候敏感性显著像元百分比统计

显著性	当年春季气温	上年夏季气温	上年秋季气温	年初冬季气温	当年春季降水	上年夏季降水	上年秋季降水	年初冬季降水
显著	7.70%	9.33%	1.86%	6.16%	10.82%	4.38%	2.04%	4.50%
不显著	92.30%	90.67%	98.14%	93.84%	89.18%	95.62%	97.96%	95.50%

附表 3-7　黄土高原植被 EOS 对季节性气候敏感性显著像元百分比统计

显著性	当年春季气温	当年夏季气温	当年秋季气温	年初冬季气温	当年春季降水	当年夏季降水	当年秋季降水	年初冬季降水
显著	1.10%	3.09%	11.69%	0.85%	6.72%	3.77%	15.97%	2.62%
不显著	98.90%	96.91%	88.31%	99.15%	93.28%	96.23%	84.03%	97.38%

附表 3-8　黄土高原不同植被 SOS 对季节性气候敏感的显著性

植被物候		当年春季气温	上年夏季气温	上年秋季气温	年初冬季气温	当年春季降水	上年夏季降水	上年秋季降水	年初冬季降水
SOS	森林	0.00	0.08	0.56	0.44	0.87	0.19	0.42	0.88
	灌丛	0.40	0.91	0.82	0.98	0.72	0.01	0.27	0.53
	草地	0.45	0.13	0.74	0.21	0.45	0.78	0.84	0.94

附表3-9 黄土高原不同植被EOS对季节性气候敏感的显著性

植被物候		当年春季气温	当年夏季气温	当年秋季气温	年初冬季气温	当年春季降水	当年夏季降水	当年秋季降水	年初冬季降水
EOS	森林	0.87	0.56	0.13	0.92	0.02	0.32	0.93	0.77
	灌丛	0.42	0.34	0.36	0.27	0.21	0.45	0.91	0.38
	草地	0.01	0.75	0.10	0.56	0.38	0.31	0.18	0.78

附表3-10 黄土高原植被SOS对极端气候指数敏感性显著像元百分比统计

显著性	DTR	TXx	TXn	TNn	TNx	RX1day	RX5day
显著	4.68%	5.09%	8.01%	7.69%	7.08%	5.06%	8.83%
不显著	95.32%	94.91%	91.99%	92.31%	92.92%	94.94%	91.17%

附表3-11 黄土高原植被EOS对极端气候指数敏感性显著像元百分比统计

显著性	DTR	TXx	TXn	TNn	TNx	RX1day	RX5day
显著	8.68%	7.04%	6.61%	3.98%	5.31%	10.51%	9.04%
不显著	91.32%	92.96%	93.39%	96.02%	94.69%	89.49%	90.96%

附表3-12 黄土高原不同植被物候对极端气候指数敏感的显著性

植被物候		DTR	TXx	TXn	TNn	TNx	RX1day	RX5day
SOS	森林	0.00	0.94	0.38	0.02	0.28	0.15	0.00
	灌丛	0.04	0.27	0.33	0.68	0.94	0.21	0.55
	草地	0.01	0.00	0.81	0.02	0.30	0.46	0.79
EOS	森林	0.24	0.88	0.03	0.57	0.08	0.00	0.22
	灌丛	0.58	0.86	0.99	0.32	0.02	0.56	0.19
	草地	0.86	0.61	0.60	0.71	0.03	0.47	0.39

第四章
黄土高原干旱指数变化及其影响因素

第一节 黄土高原SPEI的时空分布特征

干旱是极端气候事件之一，其频率和强度的变化会影响到区域水资源，而水分是干旱和半旱地区植物生长的主要限制因素。因此，研究黄土高原干旱时空分布特征及未来变化趋势对当地的生态环境保护具有重要意义。本章拟基于1986—2019年降水和气温逐月格点数据计算标准化降水蒸散发指数（SPEI）和干旱发生频率，并运用Mann-Kendall检验法和Theil-Sen中位数趋势法分析黄土高原年、季节尺度干旱时空分布及变化特征，最后采用NAR神经网络法并结合Hurst指数对黄土高原未来干旱趋势进行预测。本章旨在为干旱预测、农牧业发展和科学管理提供参考依据。

一、SPEI的时间变化特征

（一）不同时间尺度的SPEI对比

由图4-1可以看出，1986—2019年，黄土高原1个月尺度的SPEI波动频率较高，反映出短期降水（月尺度）对干旱的影响程度；时间尺度越大，波动频率越低，SPEI年际变化趋势越明显，不同干湿交替变化周期越长。例如，3个月和6个月尺度的SPEI反映出黄土高原四季及干湿交替的变化规律，线性变化趋势都以

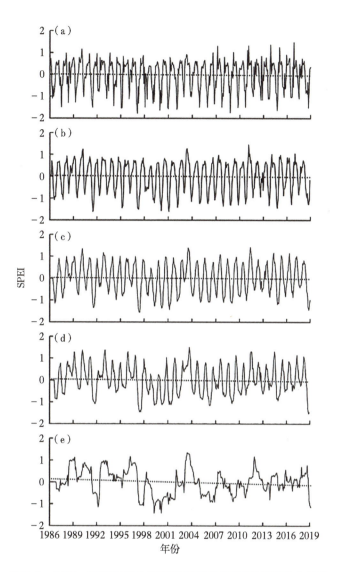

图 4-1　1986—2019 年黄土高原多时间尺度 SPEI 长期动态特征

注：图（a）为 1 个月尺度 SPEI；图（b）为 3 个月尺度 SPEI；图（c）为 6 个月尺度 SPEI；图（d）为 9 个月尺度 SPEI；图（e）为 12 个月尺度 SPEI。

$2×10^{-4}$ 的速率下降，虽然下降趋势不显著，但总体呈现干旱化趋势；12 个月尺度的 SPEI 呈显著下降的线性趋势，即干旱化趋势加强，反映出干旱的年际变化。1 个月尺度上，1997 年、2006 年和 2019 年的干旱频率较高，干旱持续时间相对较长，一年中连续 7 个月表现为干旱，且干旱程度多表现为轻度干旱；3 个月尺度上，2006 年和 2019 年的干旱频率较高，一年中干旱持续时间分别为 7 个月和 8 个月，干旱程度多为轻度干旱；6个月尺度上，干旱持续时间多为半年及以上，1986年、1997—2001年、2004—2006年、2014—2015年、2019年的干旱频率较高，且1999年和2000年干旱持续时间分别达到9个月和8个月，干旱程度为轻度干旱；9个月尺度上，1987年、1995年、1997年、1999—2002年、2005—2011年、2014—2017年的干旱频率较高，且1999年干旱持续时间达到10个月，2005—2011年连续7年干旱持续时间超过7个月，干旱程度多表现为轻度干旱；12个月尺度上，1999—2001年、2006年、2009—2011年干旱频率较高，干旱持续时间相对较长，1999—2001年连续3年出现全年干旱，且这3年的夏季干旱程度表现为中度干旱。不同时间尺度的SPEI可以反映黄土高原的整体干旱程度及其持续时间长短，还可以反映SPEI不同程度的季节、年际变化特征。

（二）干旱的年际变化特征

采用年均SPEI值表征干旱的年际变化特征。由图4-2可以看出，1986—2019年，黄土高原年均SPEI值呈下降趋势，线性倾向率为$-0.07/10a$，说明黄土高原呈现干旱化趋势。其中，1996年和2000年分别是该地区最湿润和最干旱的年份，其SPEI值分别为0.7364和-0.8965。黄土高原平均SPEI经历了上升、下降、再缓慢上升的趋势，其中，UF值在1986—1999年为正值，且SPEI在此期间以1990年为转折点总体上表现为先上升再下降，且1990年UF曲线超出了$\alpha=0.05$的置信区间，说明SPEI指数上升的趋势显著，黄土高原湿润化趋势明显；1999年之后，UF值均小于0，且UF曲线未超出$\alpha=0.05$的置信区间，说明SPEI下降的趋势不显著，干旱化趋势不明显。在置信区间内，UF和UB曲线相交于1995年，说明1995年是SPEI突变的开始，表明黄土高原自1995年之后干旱开始加剧。而2011年后SPEI上升，可能是受气候变量波动影响。

（三）干旱的季节性变化特征

3个月尺度的SPEI可以用来反映干旱的季节性变化特征。本研究分别选取3月至5月、6月至8月、9月至11月和12月至次年2月的SPEI平均值表征黄土高原春、夏、秋、冬季的干旱状况。

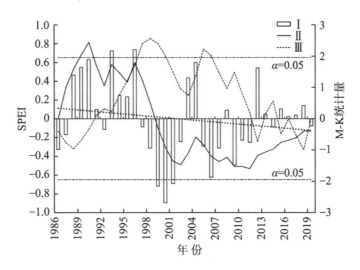

图4-2　1986—2019年黄土高原年尺度平均SPEI变化特征及其Mann-Kendall（M-K）检验曲线
注：Ⅰ表示12个月尺度SPEI；Ⅱ表示UF统计量；Ⅲ表示UB统计量。下同。

由图4-3可以看出，研究期间，黄土高原春、夏季SPEI呈下降趋势，秋、冬季SPEI呈上升趋势。春季呈现显著的干旱化趋势，其线性倾向率为－0.101/10a，1990年和2013年分别是最湿润和最干旱的年份，其SPEI值分别为0.919和－0.162。在显著性水平0.05的临界线之间，UF、UB曲线相交于1993年，这是黄土高原春季干旱突变的开始；且2001—2019年UF曲线超出了α＝0.05的置信区间，说明黄土高原春季干旱化趋势明显。夏季黄土高原干旱化趋势不明显，但1986—2019年均表现为干旱。其中，1997年是夏季最干旱的年份，其SPEI值为－1.476，且1993年是黄土高原夏季干旱突变的开始。秋季SPEI的年际变化呈上升趋势，线性倾向率为0.061/10a，表明黄土高原秋季呈湿润化趋势。其中，2003年是秋季最湿润的年份，其SPEI值为1.082；UF曲线整体大于0，但未超出α＝0.05的置信区间，表明秋季湿润化趋势不显著。研究期间，黄土高原冬季SPEI均大于零，其间未出现干旱情况，线性倾向率为0.001/10a，表明黄土高原冬季SPEI变化基本趋于稳定，处于湿润状态。

二、SPEI的空间变化特征

（一）干旱发生频率的空间分布特征

由图4-4可以看出，在春季，轻度干旱发生频率最高，以黄土高原中部偏东

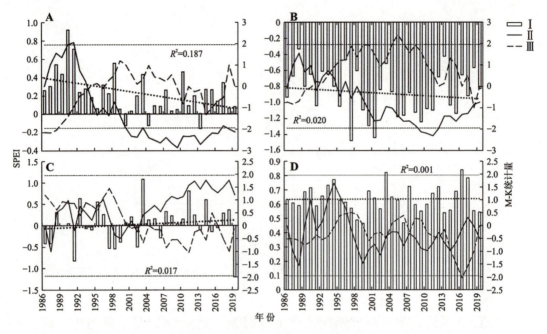

图 4-3　1986—2019 年黄土高原季节尺度 SPEI 长期动态特征及其 Mann-Kendall (M-K) 检验曲线

注：A 表示春季 (Spring)；B 表示夏季 (Summer)；C 表示秋季 (Autumn)；D 表示冬季 (Winter)。下同。

以及西部地区的干旱发生频率较高，最大值出现在黄土高原西部，干旱发生频率约 73.8%；中度干旱主要发生在黄土高原中部、东部以及西部部分区域，干旱发生频率为 5%~15.7%，而黄土高原北部以及西部偏北部分区域干旱发生频率较低；春季重度干旱发生的频率极低，为 1.2%，且未出现极端干旱。在夏季，黄土高原地区均发生了不同程度的干旱，轻度、中度和重度干旱的发生频率均较高，以中度干旱发生频率最高，主要分布在黄土高原北部；大片区域出现重度干旱，发生频率最大值为 34.1%；极端干旱发生的频率较低，其中，黄土高原中部、东部以及西部偏南区域极端干旱发生频率较高，为 3%~15%；夏季黄土高原不同干旱程度的空间分布差异较大。秋旱发生频率相对夏旱较低，秋季干旱发生频率最高的是轻度干旱，主要发生在黄土高原西北部区域，干旱发生频率为 35%~49.1%；中度干旱高频区出现在黄土高原西北部地区，达到 26.2%，其他地区中度干旱发生频率为 5%~15%，占据黄土高原的大片区域；重度干旱及极端干旱发生频率均较低，整体呈现为东南部发生频率高、西北部低的特征。在冬季，除黄土高原西部部分地区轻度干旱和中度干旱发生频率较高外，其他地区各等级干旱发生频率普遍较低，大部分地区的冬旱发生频率为 0.1%~8%；重度干旱发生的频率极低，黄土高原南部地区冬季重旱发生频率为0.5%；未出现极端干旱。年尺度上，黄土高原轻度干旱发生频率最高，为24.3%～39.9%，主要出现在黄土高原中部与东部大部分区域以及西部偏南地区；中度干旱发生频率较高的区域出现在黄土高原北部及西部地区；重度干旱以黄土高原北部以及东北区域发生频率较高，最大值为10.9%；极端干旱发生频率较低，为5%，主要出现在黄土高原东南部区域。

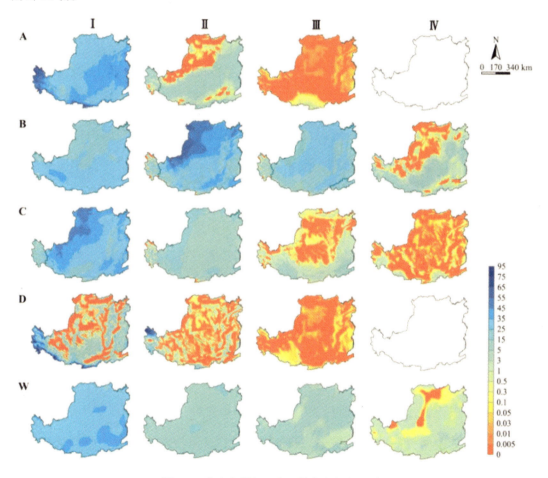

图4-4 黄土高原各尺度干旱发生频率（%）

注：W表示全年（Whole Year）；Ⅰ表示轻度干旱（Slight Drought）；Ⅱ表示中度干旱（Moderate Drought）；Ⅲ表示重度干旱（Severe Drought）；Ⅳ表示极端干旱（Extreme Drought）.

总体来说，不同季节干旱程度的发生频率在空间分布上差异较大。其中，春、秋和冬季以轻度干旱发生频率最高，夏季以中度干旱发生频率最高，且夏季是发生中度干旱、重度干旱和极端干旱次数最多的季节，黄土高原四季的干旱发生频率在空间上表现出复杂性。黄土高原年际干旱以轻度干旱为主。年际、春季和冬季以东南部和西部地区干旱发生频率较高，夏季和秋季以西北部地区干旱发生频率较高。

（二）季节性干旱的空间分布特征

从季节性干旱的空间变化来看（见图4-5），干旱程度依次为夏季＞春季＞秋季＞冬季。春季SPEI值由东南向西北随降水量的减少呈"带状"上升趋势，即降水越多的地区，春季干旱越严重；春季轻度干旱的发生地区主要位于黄土高原东部、中部和西部部分地区，植被类型主要是森林和草地。夏季除黄土高原西部和南部的小部分区域表现为无旱，其余地区均表现为干旱，干旱程度由西北（中度干旱）向东南（轻度干旱）随降水量增加逐渐减弱，即降水越少，夏季干旱越严重；黄土高原北部和西部部分区域干旱程度为重旱，植被类型以灌丛和草地为主，森林的干旱程度最小，且夏季干旱程度在四季中最严重。秋季干旱程度的空间分布与春季相反，表现为降水越少的地区干旱越严重，西北部较干旱，植被类型以草地为主；东南部、中部和西部部分区域较湿润，植被类型以森林为主，其中，黄土高原西部和中部部分地区的SPEI较大，干旱程度较轻；秋季发生轻度干旱的区域主要分布在黄土高原北部和西部部分区域，其余地区秋季均无干旱。冬季仅黄土高原西部及南部的部分地区表现为轻度干旱和中度干旱，其余地区均表现为无旱，以西北部的SPEI值最大，即西北部最湿润，植被类型以草地为主。冬季干旱程度的空间分布与春季类似，即西北部SPEI值均大于东南、西南部，即降水越多的地区，冬季干旱越严重。

整体来看，黄土高原季节性干旱差异明显，整体以轻度干旱为主，且春季干旱和冬季干旱表现出"东南—西南严重，西北部较轻"的特征，夏季干旱和秋季干旱表现为"西北部严重，东南—西南较轻"的特征。春季和冬季的森林分布区、黄土高原西部以及中部的草地分布区干旱程度较严重，而夏季和秋季这些地区的干旱程度较轻。

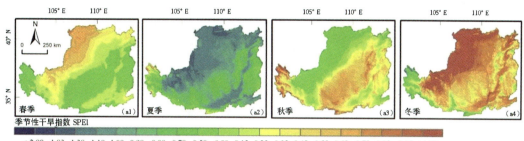

图 4-5 黄土高原 2001—2019 年季节性干旱 SPEI 空间分布

黄土高原 1986—2019 年不同季节的干旱演变特征在空间上差异较大（见图 4-6）。春季，黄土高原地区干旱普遍加重。其中，黄土高原东南部和西部地区以 0.10/10a～0.15/10a 的趋势加重，其中 40% 的区域通过了 $P=0.05$ 的显著性检验。夏季，除黄土高原中部以及东部部分区域干旱趋势减轻外，黄土高原大部分地区干旱呈加重趋势。其中，黄土高原西南区域和东南部小部分地区以 0.10/10a～0.25/10a 的趋势加重，其中 0.9% 的区域通过 $P=0.05$ 的显著性检验。秋季，黄土高原大部分地区干旱趋势减轻，北部部分区域、西南部以及东部偏南地区以 0.03/10a～0.08/10a 的趋势加重，其中 7% 的区域通过了 $P=0.05$ 的显著性检验。冬季，除东南部地区以 0.03/10a～0.08/10a 的趋势加重外，黄土高原大部区域干旱趋势减轻。其中，黄土高原中部偏北区域干旱减轻趋势最显著，其中 3.3% 的区域通过了 $P=0.05$ 的显著性检验。整体来看，黄土高原春、夏季呈现干旱化趋势，主要集中在东南部和西部地区；秋、冬季黄土高原大部分区域干旱趋势减轻。

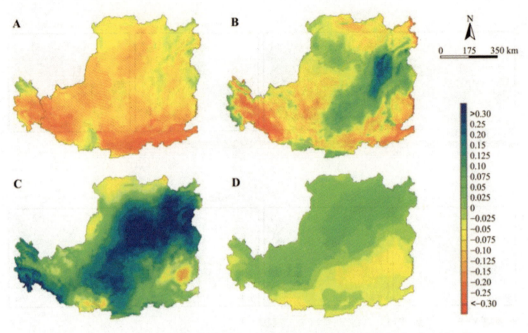

图 4-6　1986—2019 年黄土高原四季干旱线性变化趋势的空间分布 [· (10 a)$^{-1}$]

第二节　SPEI 的变化趋势预测

对黄土高原年际干旱和季节性干旱的未来趋势运用 NAR 神经网络法和 R/S 分析法进行预测。通过 NAR 神经网络法预测可知（见图 4-7），相对于 1986—2019 年，2019—2029 年黄土高原春季 SPEI 呈下降趋势并逐渐趋于平稳；夏季 SPEI 呈微弱上升趋势；秋季 SPEI 由之前的平缓趋势转为波动下降趋势，干旱逐渐加重；冬季 SPEI 仍处于平缓上升趋势，即冬季未来一段时间有持续偏湿的趋势。通过 R/S 分析法预测可知（见表 4-1），年际 Hurst 指数值为 0.8019，大于 0.5，自相关系数 R_t>0，表明时间序列前后正相关，即干旱趋势具有持续性，未来黄土高原的年际干旱变化趋势与 1986—2019 年的变化趋势一致，也就是说 SPEI 在未来一段时间内将呈下降趋势，干旱加重趋势也将继续。在季节尺度上，SPEI 的 Hurst 指数值均大于 0，且 R_t>0，表明未来四季的干旱变化趋势将与过去一致。其中，夏季 SPEI 的 Hurst 指数值最大，为 0.7181，持续性变化趋势最强，表明黄土高原未来夏季SPEI持续下降的可能性大于其他季节,即未来黄土高原夏季干旱将持续加剧。春季SPEI的Hurst指数值次之,为0.6226,表明黄土高原未来春季SPEI将继续下降,干旱化将加剧,与NAR神经网络法的预测一致。秋季和冬季SPEI的Hurst指数值均大于0.5,但秋季SPEI的Hurst指数值接近0.5,表明未来秋季干旱变化趋势虽减弱,但可能性较小。冬季SPEI波动逐渐变小,有微弱上升趋势,即未来一段时间冬季将呈现湿润化趋势,与NAR神经网络法的预测一致。

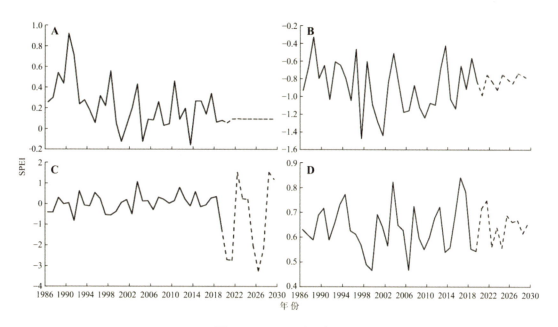

图4-7　SPEI预测示意图

表4-1　*R/S*分析结果

各尺度SPEI	Hurst指数值	自相关系数（R_t）
年际SPEI	0.8019	0.5196
春季SPEI	0.6226	0.1852
夏季SPEI	0.7181	0.353
秋季SPEI	0.5683	0.0993
冬季SPEI	0.6187	0.1789

第三节 讨论

气候变化可能导致极端气候事件的频率、强度、持续时间和空间维度发生显著变化，而气温在干旱变化中发挥了重要作用，我国干旱事件持续增加主要与气温大幅升高、降水变化有关。本研究表明，黄土高原在气温持续上升、降水变化空间差异性较大的背景下干旱化趋势显著，干旱主要受气温升高的影响，且该区域降水年内分配不均，夏季降水占年总降水量的56.5%[1]，但夏季干旱最严重，此结论与已有研究结果一致。Zhao等的研究表明，干旱和1999年开始实施的退耕还林还草工程均对黄土高原植被NDVI产生了一定影响，从而导致2000—2014年NDVI的空间异质性较大。本研究发现，1986—1999年黄土高原SPEI呈上升趋势，1999年之后SPEI呈下降趋势，干旱化趋势加重，这在一定程度上验证了前人研究结果。2001年和2005年夏季黄土高原发生了强烈干旱，而本研究发现，2000年是该地区1986—2019年最干旱的年份，2013年和1997年分别是春季和夏季最干旱的年份，造成这种差异的原因可能有两种。① 所选取的时间跨度不同。Zhao等研究所选取的时间跨度是2000—2014年，而本研究选取的是1986—2019年。② 气象数据来源及计算潜在蒸散量的方法不同，Zhao等的研究选取的是站点数据且基于Penman-Monteith方程计算潜在蒸散量，而本研究运用的是格点数据并基于Thornthwaite方程估算潜在蒸散量。有学者指出，黄土高原的干旱频率总体呈现上升趋势，且从东南向西北逐渐降低，在冬中、春末、夏初较高，旱灾发生的地区一般是中部和西北部地区[2]。也有研究者认为，黄土高原夏季中旱、重旱、特旱的发生频率主要在内蒙古和宁夏地带较高，除冬季外，黄土高原春、夏、秋季均呈干旱化趋势，春季在20世纪70年代呈显著干旱化趋势，夏季干湿

---

[1] 张调风，张勃，张苗，等.1962—2010年甘肃省黄土高原区干旱时空动态格局[J].生态学杂志，2012，31(8)：2066—2074.

[2] Liu Z P, Wang Y Q, Shao M A, et al. Spatiotemporal analysis of multiscalar drought characteristics across the Loess Plateau of China[J]. Journal of Hydrology, 2016, 534：281-299.

波动幅度较小[①]，这与本研究结果一致。本研究采用 SPEI 来表征黄土高原干旱特征，该指数在黄土高原地区的适用性虽已被相关学者证实[②]，但在计算潜在蒸散量时，不同学者主要使用 Penman-Monteith 方程和 Thornthwaite 方程来计算，前者基于物理基础，运用湿度、气压、风速和辐射等指标计算 SPEI，后者根据气温和降水来估算潜在蒸散量。这在很大程度上影响了 SPEI 的计算结果，给区域干旱的时空特征和未来趋势变化分析带来了很大的不确定性，这也从一定角度解释了不同研究中相互矛盾的结论。

本章从季节性角度分析了黄土高原 1986—2019 年的干旱变化特征，结果表明，干旱的季节性空间分布差异性明显，整体以轻旱为主，干旱程度依次为夏季＞春季＞秋季＞冬季，春旱和冬旱表现出"东南—西南严重，西北部较轻"的特征，夏旱和秋旱表现为"西北部严重，东南—西南较轻"的特征。这与前人研究结果比较一致，如孙艺杰、张永瑞等研究发现黄土高原春季显著变旱区位于山西南部、陕西北部、甘肃东南部等地区，夏季内蒙古和宁夏地区干旱较严重。张调风等[③]分析了甘肃省黄土高原区的干旱特征，发现春、夏和秋季甘肃省黄土高原区西北部为干旱多发区，而冬季干旱多发区主要集中在甘肃省黄土高原区南部。需要说明的是，由于所选取的干旱指数的计算方法及研究时段不同，加之在分析干旱的空间分布特征时，本研究是用多年平均 SPEI 指数分析黄土高原季节性干旱的整体空间分布特征，而已有研究主要分析干旱的空间变化趋势，不同研究中干旱的空间分布格局存在一些差异，但整体趋势大致相近。

本研究运用 NAR 神经网络法对黄土高原干旱变化趋势进行预测并结合 Hurst 指数对其预测的趋势方向进行验证，这样既验证了 NAR 神经网络法预测的趋势是否合理，也克服了 Hurst 指数仅能反映现有趋势是否会延续的缺点。但在预测秋季干旱的未来变化趋势时，NAR 神经网络法的预测结果显示秋季 SPEI 由之前的平缓趋势转为波动下降趋势，即干旱加重，而用 R/S 分析法预测时表现为 Hurst

---

[①] 张永瑞，张岳军，靳泽辉，等.基于SPEI指数的黄土高原夏季干旱时空特征分析[J].生态环境学报，2019，28（7）：1322-1331.

[②] 孙艺杰，刘宪锋，任志远，等.1960—2016年黄土高原多尺度干旱特征及影响因素[J].地理研究，2019，38（7）：1820-1832.

[③] 张调风，张勃，张苗，等.1962—2010年甘肃省黄土高原区干旱时空动态格局[J].生态学杂志，2012，31（8）：2066-2074.

指数值大于0.5（0.5683），表明未来秋季干旱变化趋势下降的可能性较小，原因在于2019年秋季的气温和降水受气候变量波动的影响，SPEI出现的极端值对趋势预测造成一定影响。但有研究发现，在未来一段时间内，黄土高原西北部干旱频次呈持续性增加趋势，这与本研究有相同之处也有不同之处。相同的是均对黄土高原未来干旱趋势进行了研究，而不同的是本研究着重于趋势方向预测，并未将变化趋势落在空间上，且本研究从年、季节不同时间尺度对黄土高原的未来干旱趋势进行了预测，年尺度变化趋势与前人研究接近，而季节性的变化趋势与前人研究略有不同，因此，仍需要更丰富的理论和方法来验证这一结论。

本研究运用格点数据计算SPEI，弥补了站点数据较少的缺陷，但格点数据水平分辨率较高。未来应考虑格点数据的分辨率，并运用降尺度等方法提高数据精度，将研究区未来干旱变化趋势落于空间分布上，充分考虑空间异质性，并尝试探讨影响干旱的驱动因子。

第四节 小结

本研究运用1986—2019年黄土高原及其周边448个格点的月降水及气温数据，通过R语言计算SPEI，分析了该地区的干旱时空变化特征，并预测了未来一段时间黄土高原的干旱趋势，得出以下结论：

（1）1986—2019年，黄土高原降水和气温的变化速率和趋势存在明显的空间异质性。年降水变化速率在黄土高原北部和东南部呈减少趋势，在其他大部分地区呈现缓慢增长趋势，以陕西北部和山西西部地区的增长趋势较明显；季节性降水集中在夏、秋季，占全年降水量的80%左右，且春、夏、秋季降水量呈增加趋势。黄土高原年均气温和四季气温均呈现持续上升态势。

（2）1986—2019年，黄土高原年尺度SPEI值经历了"湿润—干旱—湿润"的交替过程，总体呈变干趋势。年际、各季节干旱的发生频率在空间上差异较大，整体来看，年际、春季和冬季以黄土高原东南部和西部干旱发生频率较高，夏季和秋季以西北部干旱发生频率较高。夏季以中度干旱发生频率最高，年际及其他季节以轻度干旱发生频率最高，且夏季是发生中度干旱、重度干旱和极端干旱次数最多的季节。黄土高原春、夏季呈现干旱化趋势，秋、冬季大部分区域干旱趋势减弱。

（3）通过 NAR 神经网络法和 R/S 分析法对黄土高原未来干旱趋势进行预测发现，黄土高原春季 SPEI 呈下降趋势并逐渐趋于平稳，夏季 SPEI 呈微弱上升趋势，秋季 SPEI 由之前的平缓趋势转为波动下降趋势，冬季 SPEI 仍处于平缓上升趋势。其中，年际的 Hurst 指数值最大，为 0.8019，干旱化趋势明显。季节尺度上，不同季节变化趋势的强度不同，夏季 SPEI 的 Hurst 指数值最大，持续性变化趋势最强，表明黄土高原未来夏季 SPEI 持续下降的可能性大于其他季节，春季次之，秋季和冬季 SPEI 的 Hurst 指数值也均大于 0.5，但秋季 SPEI 的 Hurst 指数值接近 0.5，表明未来秋季干旱变化趋势虽减弱，但可能性较小；冬季 SPEI 有微弱上升趋势，即未来一段时间冬季将呈现湿润化趋势。

第五章
黄土高原ET变化及其影响因素

陆地蒸散发的变化对区域水循环、植被生长和局地气候反馈有重要的影响，尤其是在受严重的水分胁迫和具有明显的植被季节变化特征的干旱和半干旱地区[①]。黄土高原季节升温明显，且植被春季和秋季物候发生改变[②]，但是关于气温、降水和NDVI对黄土高原ET影响的季节性差异研究却较少，而这一问题对于预测水分限制区域的季节性水文循环以及陆地-大气、生物物理以及生物地球化学反馈（比如碳固存）至关重要。基于此，本章从敏感性分析和贡献分析两个方面研究气温、降水和NDVI对黄土高原蒸散发影响的季节性差异。

第一节 黄土高原气温、降水、NDVI以及ET的时空变化差异

如图5-1和图5-2所示，黄土高原在1982—2011年的平均蒸散发（见图5-1(a)）、NDVI（见图5-1(b)）和多年平均降水量（见图5-2(a)）表现出一致的分布规律，即自西北向东南逐渐增大，而多年平均气温（见图5-2(b)）的低值主要出现在黄土高原的西部及东北部地区。四个变量的空间分异明显，蒸散发变化范围为156.03~688.11 mm（见图5-1(a)）；NDVI的变化范围为0.07~0.67（见图5-1(b)）；多年平均降水量最大值为803.71 mm，最小值为125.05 mm（见图5-2(a)）；多年平均气温最高值为14.37℃，最低值为2.35℃（见图5-2(b)）。

---

① Wu X C, Liu H G. Consistent shifts in spring vegetation green-up date across temperate biomes in China, 1982—2006[J]. Global Change Biology, 2013, 19 (3): 870-880.

② 谢宝妮，秦占飞，王洋，等. 基于遥感的黄土高原植被物候监测及其对气候变化的响应[J]. 农业工程学报，2015, 31 (15): 153-160.

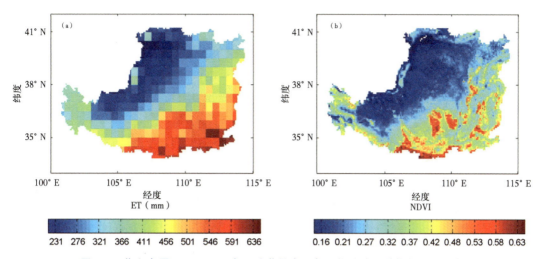

图 5-1　黄土高原 1982—2011 年平均蒸散发和归一化差值植被指数空间分布

注：图（a）基于 FLUXNET ET，图（b）基于 GIMMS NDVI3g。

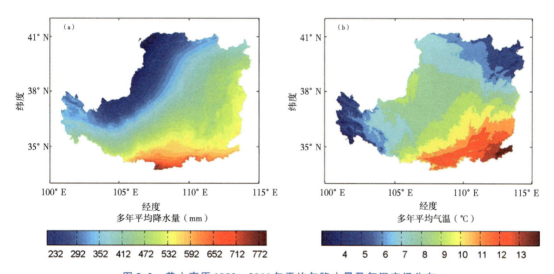

图 5-2　黄土高原 1982—2011 年平均年降水量及气温空间分布

注：图（a）和图（b）分别是运用 ANUSPLIN 软件插值得到的降水和气温数据。

1982—2011年黄土高原平均NDVI、ET、降水和气温在不同植被类型之间存在明显的季节差异（见图5-3）。首先，NDVI和降水的季节变化一致，夏季NDVI和降水均最大，秋季次之，春季最小；而ET则是夏季最大，春季次之，秋季最小。其次，三个季节的NDVI、降水和ET均表现出深根系的森林最大，浅根系的草地最小。夏季气温显著高于春季和秋季，而春季和秋季气温变化不明显，三种植被的季节气温差异均较小，但是三种植被升温趋势的季节性差异明显（见

图 5-4），不同植被类型的季节升温趋势不同。森林春季升温趋势最明显[（0.05 ± 0.02）℃/a]，秋季升温趋势最弱[（0.04 ± 0.02）℃/a]，而草地夏季升温趋势最明显，灌丛三个季节的升温趋势差异最小。

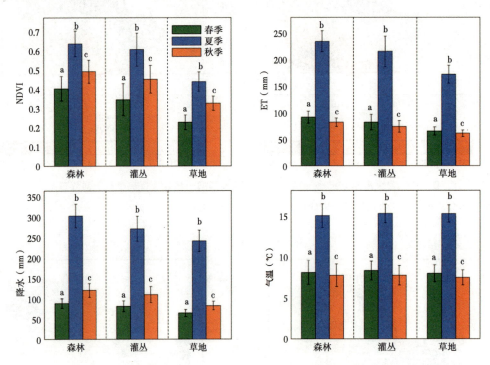

图 5-3　1982—2011 年黄土高原不同植被平均 NDVI、ET、降水和气温季节对比

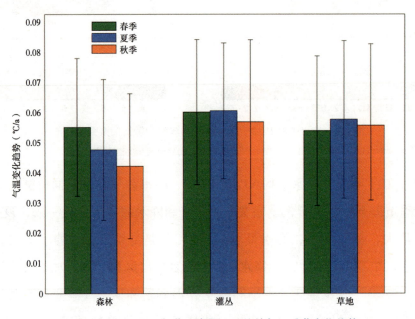

图 5-4　1982—2011 年黄土高原不同植被气温季节变化趋势

第二节 ET对气温、降水和NDVI的季节敏感性分析

一、ET对气温的敏感性

对比敏感性分析的空间分布（见图5-5），发现1982—2011年ET对气温、降水和NDVI的年际敏感性存在明显的季节性差异。ET对气温的敏感性在三个季节均表现出明显的空间差异，春季正负敏感系数 γ_{TEM} 共存，敏感系数为（-0.80 ± 0.50）$\times 10^{-1}$ mm ℃$^{-1}$，显著负敏感系数主要分布在黄土高原西部。夏季，显著负敏感系数主要分布在黄土高原中部及东部区域，敏感系数为（-2.12 ± 2.49）mm ℃$^{-1}$；正敏感系数主要分布在黄土高原西北部，即以草地为主的区域，敏感系数为（0.07 ± 2.28）mm ℃$^{-1}$（见表5-1）。在秋季，黄土高原大部分区域出现负的 γ_{TEM}，平均敏感系数为（-0.21 ± 0.72）mm ℃$^{-1}$，但是大部分区域的负敏感性未通过显著性检验。另外，不同植被类型的ET对气温的敏感性在三个季节中也存在明显的差异。春季，森林 γ_{TEM} 为正值，而灌丛和草地的 γ_{TEM} 为负值；夏季，草地 γ_{TEM} 为正值，森林和灌丛的 γ_{TEM} 为负值；秋季三种植被的 γ_{TEM} 均为负值。

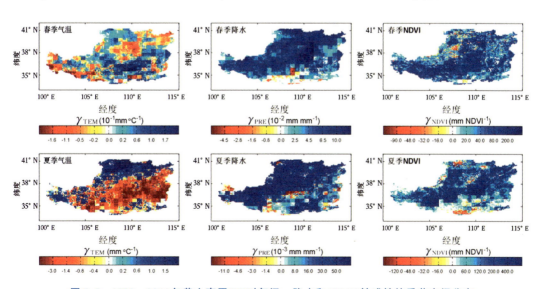

图5-5 1982—2011年黄土高原ET对气温、降水和NDVI敏感性的季节空间分布

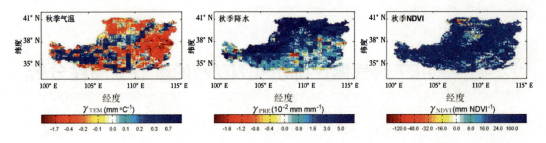

续图 5-5

注：图中第一、二、三列分别代表 ET 对气温、降水和 NDVI 的敏感性，第一、二、三行分别代表春季（4—5月）、夏季（6—8月）和秋季（9—10月）。

表 5-1 不同植被类型的 ET 对气温、降水和 NDVI 的季节敏感性变化

植被类型	季节	NDVI（mm NDVI^{-1}）	降水（mm mm^{-1}）	气温（mm ℃$^{-1}$）
森林	春季	63.40 ± 41.75 (41.78%)	0.028 ± 0.042 (42.16%)	0.24 ± 1.67 (16.12%)
	夏季	51.26 ± 75.14 (59.13%)	0.018 ± 0.026 (33.13%)	−0.82 ± 2.54 (22.85%)
	秋季	37.87 ± 24.29 (60.53%)	0.011 ± 0.019 (26.47%)	−0.30 ± 0.73 (8.77%)
灌丛	春季	62.97 ± 44.89 (53.21%)	0.042 ± 0.043 (50.39%)	−0.49 ± 1.68 (31.81%)
	夏季	69.77 ± 88.23 (50.60%)	0.023 ± 0.033 (31.71%)	−0.44 ± 2.72 (15.86%)
	秋季	40.49 ± 27.06 (40.39%)	0.017 ± 0.026 (15.25%)	−0.31 ± 0.62 (7.00%)
草地	春季	52.69 ± 56.48 (55.72%)	0.058 ± 0.05 (69.44%)	−0.41 ± 1.12 (26.1%)
	夏季	115.89 ± 106.90 (74.84%)	0.042 ± 0.04 (58.52%)	0.07 ± 2.28 (10.22%)
	秋季	47.43 ± 35.73 (61.04%)	0.038 ± 0.03 (22.28%)	−0.22 ± 0.58 (8.38%)

注：表中森林、灌丛和草地三种植被类型的春、夏、秋三个季节时间节点保持一致，春季为4—5月，夏季为6—8月，秋季为9—10月；表中括号里的数值指的是岭回归分析中通过显著性检验的像元占比。

二、ET对降水的敏感性

相比ET对气温的敏感性，三个季节ET对降水的敏感性普遍为正。为了进一步明确该敏感性和降水梯度之间的关系，以50 mm降水量为间隔，提取相应降水梯度内ET对降水的敏感系数（γ_{PRE}）并求平均值，如图5-6所示，较大的γ_{PRE}多出现在年均降水较少且植被类型以草地为主的区域。同时，随着年均降水的增加，ET对降水的敏感系数逐渐变小，尤其在夏季和秋季。另外，ET对降水的敏感系数在季节之间呈现出显著性差异，春季γ_{PRE}最大，秋季γ_{PRE}最小，γ_{PRE}从春季的（0.05 ± 0.02）mm mm^{-1}降到夏季的（0.04 ± 0.02）mm mm^{-1}，再降到秋季的（0.03 ± 0.01）mm mm^{-1}。不同植被类型的γ_{PRE}也存在明显的季节差异，草地在春、夏、秋三个季节的γ_{PRE}普遍大于森林和灌丛（见表5-1）。

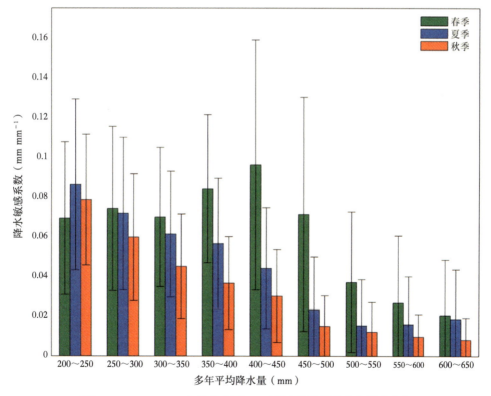

图5-6 1982—2011年黄土高原ET对降水敏感性随降水梯度变化

三、ET 对 NDVI 的敏感性

ET 对 NDVI 的敏感性普遍为正,且 γ_{NDVI} 的季节性差异明显。在春季,与低植被覆盖区域(草地)相比,高植被覆盖区域(森林和灌丛)具有更大的 γ_{NDVI}(见表 5-1)。在夏季和秋季,草地具有更大的 γ_{NDVI},分别为(115.89 ± 106.90) mm·NDVI^{-1} 和(47.43 ± 35.73)mm NDVI^{-1}。另外,如图 5-7 所示,不同植被类型 γ_{NDVI} 的概率密度函数(α = 0.05)表明,三种植被类型的 γ_{NDVI} 在夏季分布范围最广,基本包括 0~300 mm NDVI^{-1} 的区间,同时,森林、灌丛和草地在春季和秋季的概率密度函数分布较为一致,且分布范围较为密集,春季为 0~200 mm·NDVI^{-1},秋季为 0~150 mm NDVI^{-1}。

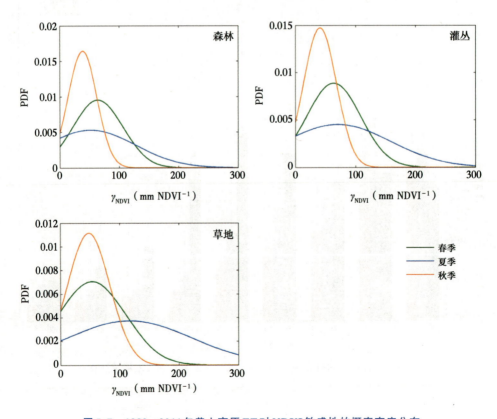

图 5-7 1982—2011 年黄土高原 ET 对 NDVI 敏感性的概率密度分布

第三节 气温、降水和NDVI对ET贡献程度的季节性差异

图5-8反映了1982—2011年黄土高原气温、降水和NDVI对ET贡献程度的空间分布情况。对比发现，三个季节中气温对ET的贡献程度（RC_{TEM}）低于降水和NDVI，同时，夏季气温对ET的贡献程度（4.12%±1.93%）高于春季（3.97%±2.50%）和秋季（3.56%±1.58%）。不同植被的RC_{TEM}差异明显（见表5-2），森林植被夏季的RC_{TEM}高于春季和秋季，灌丛和草地植被春季的RC_{TEM}高于夏季和秋季。同一季节不同植被的RC_{TEM}也存在差异。在春季，气温对灌丛ET的贡献程度（8.27%±8.60%）明显高于森林和草地；而在夏季，气温对森林ET的贡献程度最高（5.82%±6.97%）；在秋季，不同植被的RC_{TEM}普遍较低，但是RC_{TEM}最高的植被是草地。

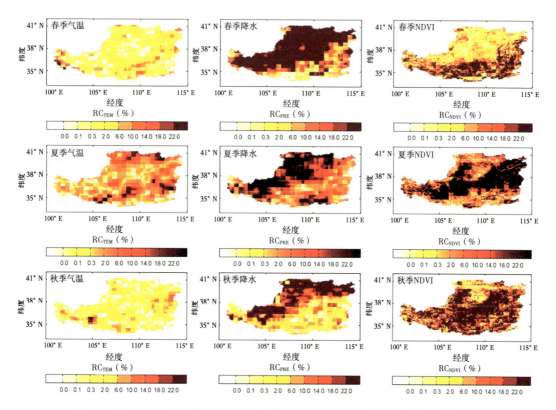

图5-8　1982—2011年黄土高原气温、降水和NDVI对ET贡献程度的季节性差异

注：图中第一、二、三列分别代表气温、降水和NDVI对ET的贡献程度，第一、二、三行分别代表春季、夏季和秋季。

表 5-2　1982—2011 年黄土高原气温、降水和 NDVI 对不同植被类型 ET 贡献程度的季节性差异

植被类型	季节	NDVI（%）	降水（%）	气温（%）
森林	春季	23.60 ± 16.84 (77.77%)	11.81 ± 15.49 (41.36%)	4.42 ± 5.41 (18.69%)
	夏季	11.42 ± 13.01 (41.36%)	8.07 ± 9.56 (29.85%)	5.82 ± 6.97 (20.19%)
	秋季	23.49 ± 13.45 (83.70%)	6.69 ± 9.46 (22.05%)	2.35 ± 2.68 (6.02%)
灌丛	春季	16.31 ± 13.81 (69.36%)	17.49 ± 18.99 (46.21%)	8.27 ± 8.60 (28.50%)
	夏季	16.00 ± 14.78 (57.98%)	7.73 ± 9.95 (29.57%)	4.49 ± 5.83 (16.44%)
	秋季	21.13 ± 13.22 (82.59%)	8.35 ± 11.80 (30.06%)	2.81 ± 3.14 (7.88%)
草地	春季	8.39 ± 10.13 (41.42%)	26.99 ± 20.66 (67.18%)	6.24 ± 7.59 (22.82%)
	夏季	18.02 ± 14.96 (67.60%)	15.71 ± 13.45 (53.86%)	3.32 ± 4.63 (11.46%)
	秋季	18.98 ± 13.21 (76.08%)	16.43 ± 13.85 (64.90%)	2.98 ± 3.78 (7.24%)

注：表中春季为 4—5 月，夏季为 6—8 月，秋季为 9—10 月；表中括号里的数值指的是岭回归分析中通过显著性检验的像元占比。

比较而言，三个季节降水对 ET 的贡献程度（RC_{PRE}）普遍较高（春季、夏季和秋季分别为 18.35% ± 7.30%、13.25% ± 4.73% 和 11.06% ± 5.75%），而且在更干旱的区域/植被类型中发现更高的 RC_{PRE}，草地在三个季节的 RC_{PRE} 普遍高于森林和灌丛，同时，草地在春季的 RC_{PRE} 最高。为了进一步明确降水对 ET 的贡献程度随着降水梯度的变化情况，以 50 mm 为间隔对降水进行划分，并提取相应区间内的平均 RC_{PRE}（见图 5-9）。结果表明，随着年均降水量从 200 mm 增加到 650 mm，RC_{PRE} 在三个季节都表现出降低趋势，尽管在春季 350~400 mm 内降水对 ET 的贡献程度更高，但并不影响整体趋势。随着降水梯度的增加，RC_{PRE} 在春季从 41.87% ± 19.19% 降到 4.89% ± 5.60%，在夏季从 29.38% ± 15.14% 降到

7.69%±8.55%，在秋季从28.86%±16.06%降到3.85%±4.42%。值得注意的是，几乎在所有的降水梯度内，春季降水对ET的贡献程度都要高于夏季和秋季，同时，夏季降水对ET的贡献程度表现出更大的空间变化，在草地发现更高的RC_{PRE}。

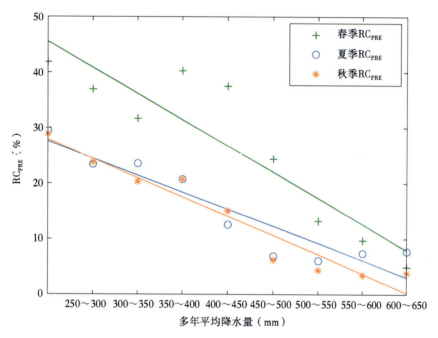

图5-9 1982—2011年黄土高原降水对ET贡献程度随降水梯度变化的季节性差异

NDVI对ET的贡献（RC_{NDVI}）存在明显的空间差异。在春季，以森林和灌丛为主的高植被覆盖区域具有更高的RC_{NDVI}（分别为23.60%±16.84%和16.31%±13.81%）。但是，夏季森林RC_{NDVI}（11.42%±13.01%）相比春季降低，夏季更高的RC_{NDVI}主要出现在农田以及退耕还林还草工程的核心区。更为显著的是，秋季三种植被类型的NDVI对ET的贡献程度普遍较高（NDVI对ET的贡献程度从18.98%±13.21%增加到23.49%±13.45%）。同时，对比同一种植被在不同季节的RC_{NDVI}，发现灌丛和草地秋季的RC_{NDVI}明显高于春季和夏季，而森林则表现出春季的RC_{NDVI}略高于秋季，夏季的RC_{NDVI}最低。概率密度函数（$\alpha=0.05$）进一步表明了不同植被类型RC_{NDVI}存在明显的季节性差异（见图5-10）。灌丛的概率密度函数在三个季节表现出较为一致的浮动范围，RC_{NDVI}均为0~60%，而草地的概率密度函数在春季的分布范围最小（RC_{NDVI}范围为0~40%），在夏季和秋季RC_{NDVI}的范围为0~60%。

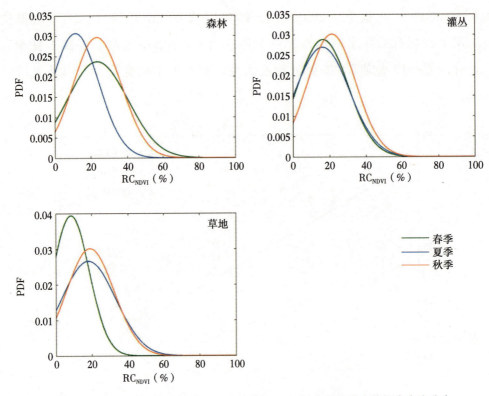

图 5-10　1982—2011 年黄土高原不同植被 NDVI 对 ET 贡献程度的概率密度分布

第四节　讨论

一、气温对蒸散发影响的季节性差异

敏感性分析和广义线性模型分析的结果表明气候和植被对蒸散发的影响存在明显的季节性差异。在水分受限的黄土高原，气候变化（尤其是降水）和植被生长对季节性 ET 的空间分布具有重要的影响，同时，ET 对各气候因子的敏感性以及各因子对 ET 的贡献易受到季节性水热状况及植被结构和功能（如植被生长及用水策略）的影响。黄土高原春季、夏季、秋季三个季节升温速率明显，但是三个季节气温对 ET 的贡献程度却普遍较低，说明能量供给不是影响黄土高原 ET 的主导因素。而黄土高原西部（青海境内），春季 ET 对气温具有显著的敏感性，这

归因于气温和太阳辐射是高海拔和寒冷地区 ET 变化的主要限制因素。同时，以往的研究表明，在高海拔且寒冷的地区，更温暖的春季能够引起物候和冰雪融化期提前，进而影响 ET。大多研究结果表明，ET 对气温的敏感性为正，这与本研究结果不一致。本研究结果表明 ET 对气温的敏感性为负，这可能和青藏高原云量和太阳辐射的变化有关，导致该结果的内在机理有待进一步探究。

二、降水和 NDVI 对蒸散发影响的季节性差异

本章研究发现降水对 ET 具有十分重要的控制作用。黄土高原的植被在生长季会经历较为严重的水分短缺，因此，水分供给在调节 ET 的变化中具有重要作用，尤其是在更干的区域或对于特定的植被类型，水分的作用显得尤为重要。在夏季和秋季，随着降水的增加，ET 对降水的敏感性减弱，降水对 ET 的贡献程度也降低，表明在更加干旱且较低植被覆盖的区域，水分供给主导控制 ET。另外，干旱地区稀疏植被冠层拦截的降水一般下渗到浅层土壤，具有更快的蒸发率。这些可以部分解释随着降水梯度的增加，三个季节降水敏感系数减小以及贡献程度降低。不同植被类型的 ET 对降水和 NDVI 敏感性的季节性分异明显，这可能和季节性的水热状况以及植被结构密切相关。在春季，在较为干旱且以低植被覆盖的浅根系植被（草地）为主的区域，降水是控制 ET 的主导因素，相比较而言，较高植被覆盖（森林）区域的 NDVI 在春季控制 ET。研究表明，春季季节性冻土和积雪融化可以使得春季干旱胁迫得到部分缓解，同时，更温暖的春季促使植被物候提前和春季高盖度植被生长速率的加快，而这些植被对于陆地 ET 的变化产生重要的影响，即 NDVI 对 ET 具有较高贡献程度。此外，春季降水普遍较少，但是生长在年均降水量相对较大区域的深根系植被可以根据自身的根系状况利用较深层次的土壤水，使得植被能够在春季相比浅根系植被得到更快的生长，因此春季深根系植被的 NDVI 对 ET 的贡献程度普遍较高。

但是，相比春季，夏季森林 NDVI 对 ET 的贡献程度降低。更温暖的春季虽然促进了植被生长，但同时也增加了蒸发和蒸腾作用引起的水分散失，这可能引起夏季出现延长及更加严重的干旱胁迫，尤其是在水分胁迫区域。同时，近几十年黄土高原由森林主导的区域正在经历变干的趋势，相比浅根系植被，深根系植被引起了更加严重的土壤干层。夏季升温及干旱胁迫可以在生理上调节光合作用

和蒸腾作用。这些可以部分解释夏季森林 NDVI 对 ET 的贡献程度相比春季降低。

相比春季，黄土高原中西部植被 NDVI 对 ET 的贡献在夏季迅速增加，而这些区域以草地和农田为主。浅根系植被快速响应夏季季风和降雨脉冲，主要利用的是浅层土壤水。这表明浅根系植被能够快速响应土壤水分状况的变化，因此主要通过蒸腾作用来影响蒸散发。另外，夏季黄土高原中部农田 NDVI 对 ET 的贡献程度也较高，这归因于在夏季实施的农田集中灌溉，一方面缓解了农田的干旱胁迫，另一方面又反过来支撑了农田蒸散发。以上几点均解释了在黄土高原的中西部，夏季 NDVI 对 ET 的贡献程度比春季更高，同时不同植被类型的水分供给和植被生长对于区域蒸散发的调节存在季节性差异。

本章研究发现黄土高原不同植被类型 NDVI 对 ET 的贡献程度存在一致的规律，即秋季 NDVI 对 ET 的贡献程度普遍较高。此结果表明尽管秋季降水较少，但是在生长季末期植被生长对调节区域 ET 的变化仍具有重要的作用。研究表明，区域尺度上，秋季不同植被类型的干旱胁迫得到部分缓解，这可能导致在干旱的夏季抑制植被生长的液压水在秋季得到释放。另外，秋季气温的升高延迟了叶片的衰老，同时导致了一个延长的植被生长期。这些过程可能调节生长季末期植被生长以及植被蒸腾作用对区域 ET 的贡献。然而，在更暖和更干气候的相互影响下，黄土高原植被在生长季末期由于蒸腾作用而产生的水分散失是否可能进一步加剧下一个生长季的干旱胁迫仍是不清楚的。

尽管本研究对数据进行了全面的评估，但是不同数据源的结果仍然存在不确定性及可能的偏差，尤其在空间尺度的缩放上，可能会表现出更加明显的差异。为了进一步理解驱动区域水循环的潜在过程，使用扩展的现场观测网络、更加精准的遥感数据和改进的生态系统模型等多种手段进行综合研究是非常有必要的。

第五节　小结

本章通过探究 ET 对气温、降水和 NDVI 的敏感性以及气候和植被因子对 ET 的贡献程度，主要得到以下几点结论：

（1）1982—2011年黄土高原气温对ET的贡献程度相对降水和NDVI普遍较低，但是仍然存在明显的季节性差异。整体表现为夏季气温对ET的贡献最大，但是对于不同植被类型，气温对ET的贡献具有季节性差异。在春季，气温对灌丛ET的贡献程度最高，达到8.27%±8.60%；在夏季，气温对森林ET的贡献程度（5.82%±6.97%）高于灌丛和草地；在秋季，气温对三种植被ET的贡献程度普遍较低，但是气温对草地ET的贡献程度相对较高。

（2）降水是黄土高原ET变化的重要影响因素之一，降水对不同植被类型ET的影响存在明显的季节性差异。三个季节均表现出随着降水的增加，降水对ET的贡献程度逐渐降低（春季从41.87%±19.19%降到4.89%±5.60%，夏季从29.38%±15.14%降到7.69%±8.55%，秋季从28.86%±16.06%降到3.85%±4.42%），且春季降水对ET的贡献程度明显高于夏季和秋季（RC_{PRE}在春季、夏季和秋季分别为18.35%±7.30%、13.25%±4.73%和11.06%±5.75%）。另外，在更干旱的区域/植被类型中降水对ET的贡献程度更高，三个季节中降水对草地ET的贡献程度普遍高于森林和灌丛，且春季草地降水对ET的贡献程度最高。

（3）NDVI是黄土高原ET变化的另一重要影响因素。春季森林NDVI对ET的贡献程度（23.60%±16.84%）明显高于灌丛（16.31%±13.81%）和草地（8.39%±10.13%），夏季正好相反，即森林NDVI对ET的贡献程度（11.42%±13.01%）低于灌丛（16.00%±14.78%）和草地（18.02%±14.96%）。值得注意的是，秋季三种植被NDVI对ET的贡献程度均较高。

第六章
黄土高原WUE变化及其影响因素

第一节　黄土高原WUE时空分布特征

水分利用效率（WUE）将生态系统的碳循环和水循环紧密结合在一起，是评估生态系统对气候变化敏感性的重要指标。本节拟采用MODIS GPP（MOD17A2）和MODIS ET（MOD16A2）数据计算黄土高原WUE，然后运用Theil-Sen中位数趋势法和Mann-Kendall检验法分析2001—2019年黄土高原季节性GPP、ET及WUE的时空变化特征，并对比分析不同植被类型季节性WUE的差异性。本节旨在提高我们对黄土高原WUE时空变化规律的认识，并为生态系统的健康发展、农业水资源的开发利用等方面提供参考依据。

一、WUE的时空变化特征

（一）WUE的时间变化特征

从图6-1可以看出，夏季WUE平均值最高，春季WUE平均值最低，而秋季WUE介于两者之间；在变化趋势上，春季、夏季和秋季WUE均呈下降趋势，夏季WUE下降最为明显，秋季WUE波动较明显，对整体趋势影响较大。从总体来讲，黄土高原2001—2019年季节性蒸散发（ET）的增长速率比总初级生产力（GPP）快，且夏季ET增速明显高于GPP。

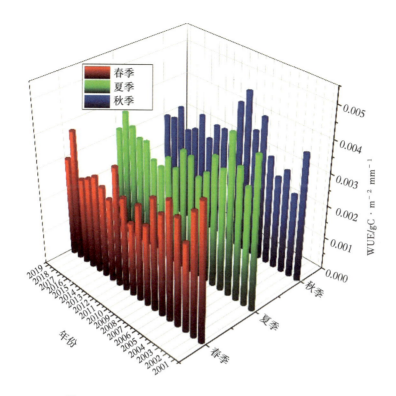

图 6-1　2001—2019 年黄土高原 WUE 时间变化特征

（二）WUE 的空间变化特征

黄土高原三个季节的 WUE 空间分布特征具有明显的差异，春季 WUE 空间分布呈现出"西北—东南高，西南—东北低"的特征（见图 6-2（a1））；夏季 WUE 空间分布呈现出"东南高，西北低"的特征，WUE 均高于 $0.002\ gC\cdot m^{-2} mm^{-1}$，且夏季 WUE 明显高于春季和秋季 WUE（见图 6-2（a2））；秋季 WUE 空间分布特征与多年平均 GPP 和 ET 的空间分布特征大致相同，均呈现出"东南高，西北低"的分布特征（见图 6-2（a3））。

黄土高原春季 WUE 整体呈下降趋势，呈上升趋势和下降趋势的面积分别占 19.76% 和 28.02%（见图 6-2（b1）），仅 5.97% 的区域通过了显著性检验，说明黄土高原春季 WUE 整体变化不显著，呈上升趋势的地区主要是黄土高原中部偏东地区，呈下降趋势的地区主要是黄土高原中部偏西地区；夏季 WUE 整体呈下降趋势，呈上升趋势和下降趋势的面积分别占 27.4% 和 62.6%（见图 6-2（b2）），通过显著性检验的区域占 8.68%，具体而言，上升趋势显著的区域位于黄土高原

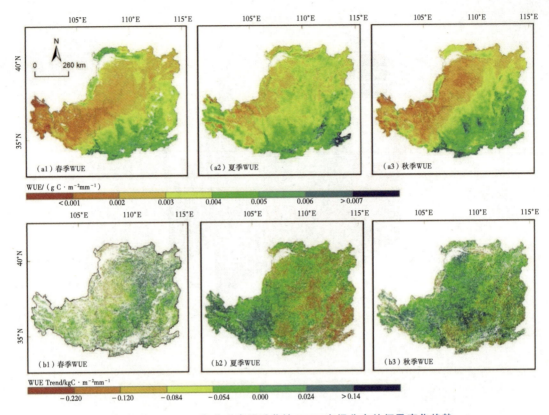

图 6-2 2001—2019 年黄土高原季节性 WUE 空间分布特征及变化趋势

西部,而呈显著下降趋势的地区主要是黄土高原中部及东南部地区;秋季黄土高原 WUE 虽整体表现为下降趋势,但呈上升趋势和下降趋势的面积占比相当,分别占 36.76% 和 42.95%(见图 6-2(b3)),其中 22.4% 的区域通过了显著性检验,且空间上表现为黄土高原中南部显著上升的分布特征。

本节分别统计了森林、灌丛和草地 3 种植被类型的季节性 WUE 均值,结果显示,不同植被生态系统的季节性 WUE 均值存在一定差异(见图 6-3)。春季和夏季草地的 WUE 最高,分别达到 2.17×10^{-3} gC·m^{-2}mm^{-1}、1.98×10^{-3} gC·m^{-2}mm^{-1},而灌丛的 WUE 最低;在秋季,森林的 WUE(1.74×10^{-3} gC·m^{-2}mm^{-1})比草地和灌丛高,草地的 WUE 最低,为 0.49×10^{-3} gC·m^{-2}mm^{-1}。从植被类型来看,森林在春季、夏季和秋季的 WUE 均值较为相近,为($1.74 \times 10^{-3} \sim 2.06 \times 10^{-3}$)gC·m^{-2}mm^{-1},说明森林 WUE 的季节性差异较小,而灌丛和草地的 WUE 均出现了从春季到秋季依次降低的趋势,尤其是草地,降低幅度最为明显,WUE 由春季的 2.17×10^{-3} gC·m^{-2}mm^{-1},降到秋季的 0.49×10^{-3} gC·m^{-2}mm^{-1},说明草地在不同季节的光合特征和耗水能力差异较大。

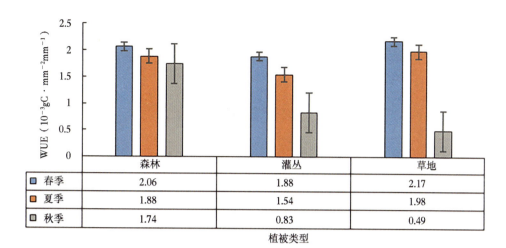

图6-3　2001—2019年黄土高原不同植被类型的季节性WUE均值

二、GPP和ET的时空变化特征

（一）GPP和ET的时间变化特征

2001—2019年黄土高原季节性GPP和ET的变化特征如图6-4所示，春季、夏季和秋季总初级生产力（GPP）均呈增加趋势，春季GPP波动范围为0.029~0.069 gC·m^{-2}，夏季GPP均值波动范围为0.068~0.138 gC·m^{-2}，秋季GPP波动范围为0.032~0.053 gC·m^{-2}；夏季GPP最高，增速为0.0022 gC·m^{-2}a^{-1}（R^2=0.6676）。春季、夏季和秋季蒸散发（ET）与GPP变化趋势一致，均呈增加趋势，春季ET的变化范围为9.68~21.31 mm，夏季ET的变化范围为21.36~45.56 mm，秋季ET的变化范围为11.34~21.43 mm；夏季ET最大，增速为0.986 mm a^{-1}（R^2=0.7091）。

（二）GPP和ET的空间变化特征

黄土高原季节性多年平均GPP和ET空间分布差异明显（见图6-5）。沿西北—东南方向随降水量的增加，春季、夏季和秋季三个季节多年平均GPP逐渐增加。春季多年平均GPP在黄土高原南部地区最高，超过0.096 gC·m^{-2}，植被类型主要是森林，而黄土高原西北部大部分地区春季多年平均GPP低于0.026 gC·m^{-2}，

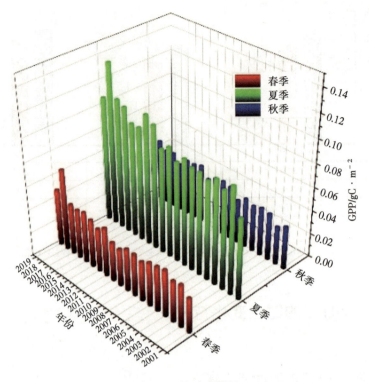

(a) GPP 时间变化特征

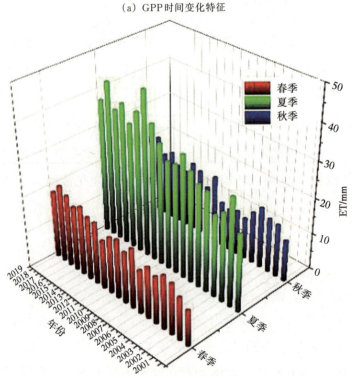

(b) ET 时间变化特征

图 6-4　2001—2019 黄土高原季节性 GPP 和 ET 时间变化特征

这些地区的主要植被类型是草地（见图6-5（a1））；夏季多年平均GPP在三个季节中最高，变化范围为0.026~0.287 gC·m^{-2}，东南部森林分布区GPP均值明显高于其他地区，GPP均值高于0.156 gC·m^{-2}（见图6-5（a2））；秋季多年平均GPP空间分布与春季相似，但秋季GPP均值介于春季和夏季之间（见图6-5（a3））。春季、夏季和秋季多年平均ET的空间分布和GPP空间分布格局相似，即同样呈现出东南高、西北低的特征（见图6-5（b1）、图6-5（b2）、图6-5（b3））。夏季ET最大，东南部森林分布区ET的变化范围为42~133 mm，秋季次之，春季最小。

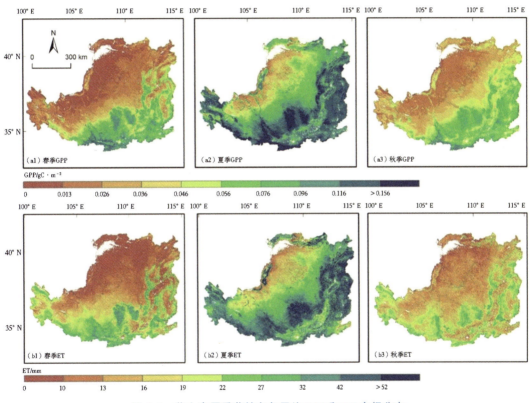

图6-5 黄土高原季节性多年平均GPP和ET空间分布

（三）GPP、ET与WUE的时空相关性

2000—2014年黄土高原生长季平均GPP呈现明显的空间分异特征（见图6-6（a）），整体表现为沿西北—东南方向随着降水量的增加而增加。黄土高原区域GPP多年平均值为（323.65 ± 184.23）gC·m^{-2}，变化范围为9.55~1442.44 gC·m^{-2}。此外，不同植被类型的GPP也存在明显差异（见图6-6（b）），森林GPP最高，为（702.36 ± 180.64）gC·m^{-2}；而灌丛GPP最低，为（162.73 ± 91.72）gC·m^{-2}。

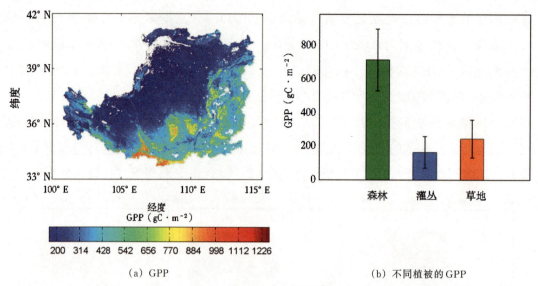

(a) GPP (b) 不同植被的GPP

图 6-6　2000—2014 年黄土高原平均 GPP 分布

注：图中 GPP 数据来源于 MODIS GPP。

黄土高原 2000—2014 年生长季 ET 的空间分布和 GPP 的空间分布格局相似，即沿西北—东南方向随降水量的增加，ET 逐渐增加。同时，ET 波动较大，最小值为 22.80 mm，最大值为 848.51 mm，生长季的多年平均 ET 为（233.78 ± 123.09）mm，如图 6-7（a）所示。另外，生长季 ET 在不同植被类型之间分异明显，森林最大[（442.61 ± 91.09）mm]，草地次之[（183.18 ± 94.16）mm]，灌丛最小[（113.47 ± 65.11）mm]，如图 6-7（b）所示。

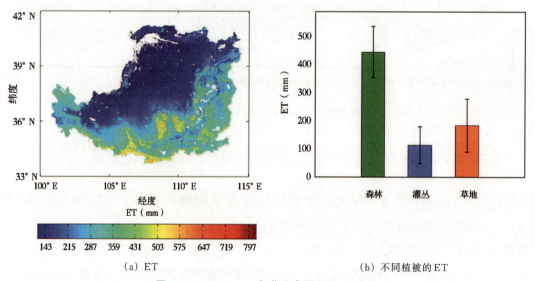

(a) ET (b) 不同植被的 ET

图 6-7　2000—2014 年黄土高原平均 ET 分布

注：图中 ET 数据来源于 MODIS ET。

对比2000—2014年黄土高原GPP和ET的年际变化（见图6-8），发现ET没有明显的变化趋势，但是GPP变化明显，从2011年的（263.10 ± 167.39）gC·m^{-2}迅速上升到2012年（512.07 ± 244.96）gC·m^{-2}，并且2012—2014年GPP明显高于其他年份。

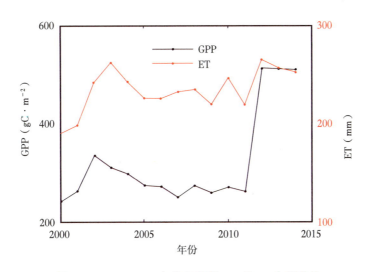

图6-8　2000—2014年黄土高原GPP和ET年际变化

2000—2014年黄土高原生长季植被WUE空间分异明显（见图6-9（a）），整体表现为沿西北—东南方向随降水量的增加而降低，且黄土高原西部（以高寒草地为主）WUE最低，而南部地区的森林植被WUE最高。生长季WUE在不同植被之间分异明显（见图6-9（b）），其中森林WUE最高，灌丛次之，草地最低。对比3种植被WUE的长时间序列变化趋势（见图6-10）可以发现，3种植被的WUE在2000—2010年均呈现微弱的下降趋势，基本表现为森林WUE高于灌丛和草地，但是部分年份灌丛的WUE高于森林。2011年3种植被的WUE开始明显上升。

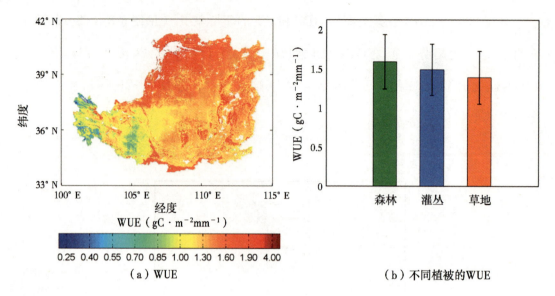

（a）WUE （b）不同植被的WUE

图6-9 2000—2014年黄土高原平均WUE分布

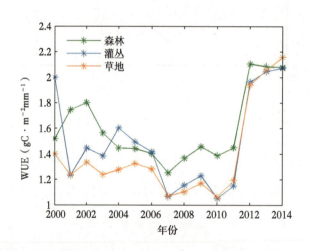

图6-10 2000—2014年黄土高原不同植被WUE年际变化

2000—2014年黄土高原WUE空间分布的年际变化明显（见图6-11）。WUE空间分布的年际变化分为三个阶段：2000—2006年，高WUE主要分布在黄土高原西北部，而黄土高原西部以草地为主的区域WUE较低；2007—2011年，整个黄土高原植被WUE空间分布趋于一致，降水量和WUE之间并未表现出明显的相关关系，但是WUE低值依旧分布在黄土高原以草地为主的西部地区；2012—2014年，整个黄土高原的WUE出现了明显的升高趋势，这与2012—2014年降水量增加导致GPP增加有关。

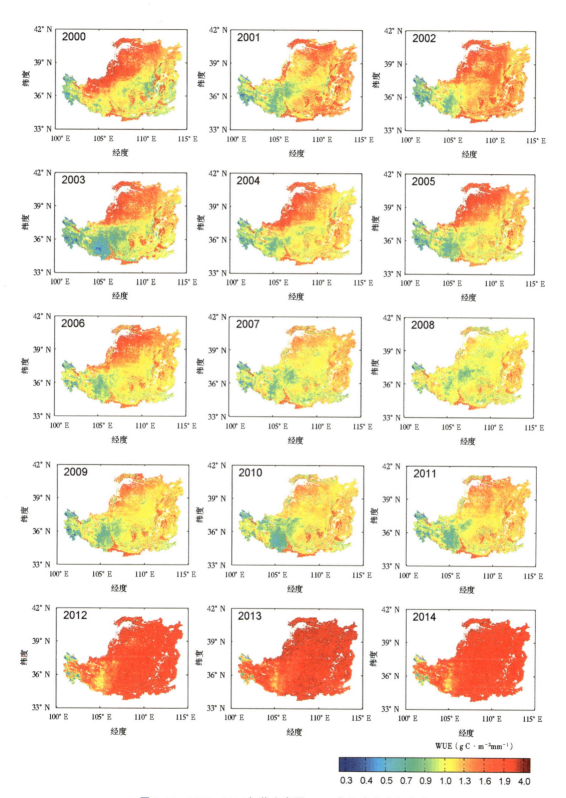

图 6-11　2000—2014 年黄土高原 WUE 年际变化空间分布

第二节 黄土高原气候及 SPEI 对 WUE 的影响

水分利用效率耦合了陆地生态系统的碳循环和水循环，能够解释陆地生态系统对全球气候变化的响应，且干旱是全球陆地生态系统普遍面临的问题，研究区域气候和干旱对植被水分利用效率的影响能够为制定植被应对未来气候变化的策略提供有效的理论依据。本节结合前文对气候因子和 SPEI 的研究结果，拟采用偏相关分析法探究黄土高原 WUE 对气候的响应，采用岭回归分析法探究黄土高原 WUE 对 SPEI 的响应，并选取典型干旱年份评估季节性干旱程度在不同生态系统对 WUE 的影响差异。本节旨在提高我们对黄土高原 WUE 对气候和 SPEI 响应的理解，并为建立更加完善的植被预测模型提供一定理论基础。

一、黄土高原气候对 WUE 的影响

已有研究表明，WUE 的变化受到 GPP 和 ET 的影响，而气温、降水等气候因子的变化会影响 GPP 和 ET 的时空变化[①]。本研究为了定量分析气候因子对季节性 WUE 的影响，逐像元计算 2001—2019 年各季节植被 WUE 与气温、降水之间的偏相关系数，分别用 P_{temp} 和 P_{pre} 表示（见图 6-12）。从图 6-12 可以看出，各季节植被 WUE 对气候因子的响应存在明显的空间差异性。春季 P_{temp} 和 P_{pre} 分别为 $-0.97 \sim 0.88$ 和 $-0.81 \sim 0.87$，植被 WUE 与气温和降水呈负相关关系的面积分别占 55.6% 和 46.0%，主要分布在海拔相对较高的甘肃、陕西、青海及山西境内（见图 6-12(a1)、图 6-12(b1)）。夏季 P_{temp} 和 P_{pre} 分别为 $-0.86 \sim 0.90$ 和 $-0.84 \sim 0.91$，黄土高原大部分地区 WUE 与气温呈负相关关系，占整个区域的 64.5%，主要分布在黄土高原东南部地区（见图 6-12(a2)）；WUE 与降水呈负相关关系的面积占 51.8%，主要分布在黄土高原东北部地区（见图 6-12(b2)）。秋季 P_{temp} 为

---

① 刘婵, 刘冰, 赵文智, 等. 黑河流域植被水分利用效率时空分异及其对降水和气温的响应[J]. 生态学报, 2020, 40(3): 888-899.

−0.88~0.91，负相关区域占36.6%，主要集中在青海、甘肃、宁夏及陕西、山西海拔较高的部分地区，呈正相关的区域主要分布在海拔较低的西北部及东部地区（见图6-12（a3））；秋季P_{pre}为−0.83~0.86，负相关区域占51.6%，主要分布在黄土高原中南部地区（见图6-12（b3））。

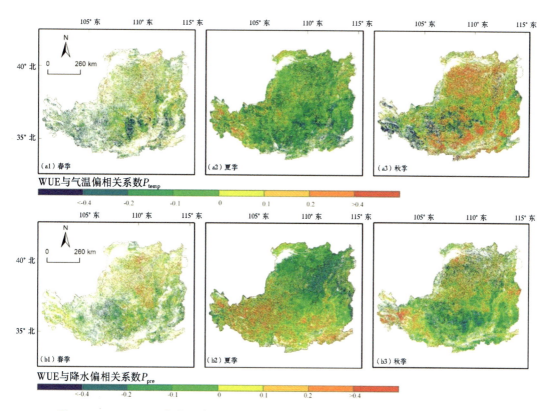

图6-12　2001—2019年黄土高原植被季节性WUE与气温、降水的偏相关系数空间分布

整体来看，黄土高原春季和秋季在海拔相对较高的地区，气温和降水对植被WUE的影响主要为负。夏季植被WUE与气温和降水呈负相关关系的面积占比在三个季节中最大。

从不同植被类型的P_{temp}和P_{pre}来看（见表6-1），春季和夏季P_{temp}为负，其中负相关性最大的是森林，负相关性最小的是草地；而秋季自然植被WUE与气温呈正相关。春季和秋季森林和灌丛P_{pre}为负，草地P_{pre}为正；夏季草地WUE与降水呈负相关，森林和灌丛WUE与降水呈正相关。这也就是说，春季和夏季，森林WUE与气温的负相关性最大，草地WUE与降水的相关性由春季的正相关转变为夏季的负相关。秋季草地WUE与气温和降水均呈正相关，而森林和灌丛WUE与气温呈正相关，与降水呈负相关。

表 6-1 2001—2019 年黄土高原不同植被类型季节性 WUE 与气温、降水偏相关系数

季节	植被类型	WUE 与气温偏相关系数 P_{temp}	WUE 与降水偏相关系数 P_{pre}
春季	森林	−0.217	−0.003
	草地	−0.027	0.050
	灌丛	−0.053	−0.047
夏季	森林	−0.121	0.059
	草地	−0.067	−0.025
	灌丛	−0.090	0.008
秋季	森林	0.228	−0.108
	草地	0.070	0.020
	灌丛	0.049	−0.006

为进一步探明季节性 WUE 与气温、降水的相关性随气温、降水梯度的变化情况，本节分别对各季节的气温、降水进行梯度划分，并提取各梯度内的 P_{pre}、P_{temp}，结果如图 6-13 所示。春季降水量为 50~80 mm 时，P_{pre} 为正值；降水量超过 80 mm，P_{pre} 的变化较为波动；整体来看，降水量为 80~130 mm 时，P_{pre} 为负值。这表明春季降水量为 50~80 mm 时，黄土高原春季 WUE 随着降水量的增加而提高，降水量为 80~130 mm 时，WUE 随着降水量增加而降低（见图 6-13（a））。夏季降水量小于 280 mm 时，P_{pre} 的变化较为波动；超过 280 mm，P_{pre} 出现正值。这表明夏季降水量超过 280 mm 时，WUE 随着降水量的增加而提高（见图 6-13（b））。秋季降水量为 65~125 mm 时，P_{pre} 为正值，WUE 随着降水量的增加而提高；超过 125 mm 时，WUE 随着降水量的增加而降低，且 P_{pre} 绝对值逐渐减小（见图 6-13（c））。类似地，春季气温为 6~14 ℃时，P_{temp} 多为负值，即气温上升，WUE 降低；高于 14 ℃时，P_{temp} 为正值（见图 6-13（d））。夏季气温为 15~19 ℃时，P_{temp} 多为正值，WUE 随着气温的升高而提高；超过 19 ℃，P_{temp} 为负值（见图 6-13（e））。秋季气温为 6~13 ℃时，P_{temp} 为正值，WUE 随气温升高而提高（见图 6-13（f））。通过以上分析可知，季节性 WUE 与气温、降水的相关性均存在阈值效应。春季、夏季、秋季的最适降水阈值分别为 50~80 mm、280~370 mm、65~125 mm，最适气温阈值分别为 14 ℃以上、15~19 ℃和 6~13 ℃。

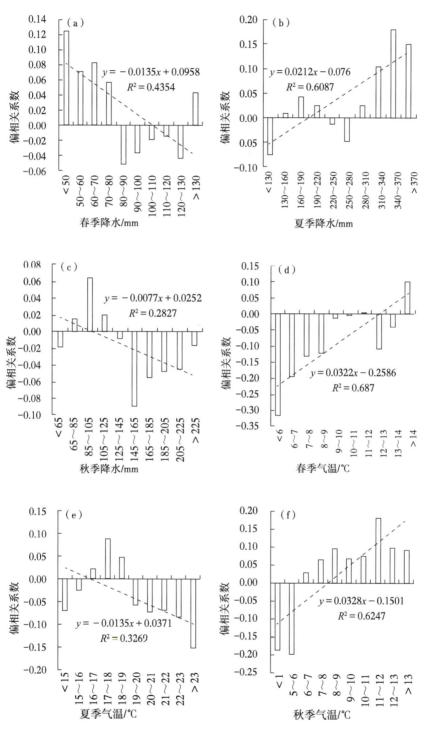

图 6-13 2001—2019 年黄土高原植被季节性 WUE 与气温、降水的偏相关系数随气温、降水梯度的变化

二、黄土高原SPEI对WUE的影响

2001—2019年黄土高原各季节WUE对SPEI敏感性的空间分布及各季节敏感系数随SPEI的变化如图6-14所示。从黄土高原季节性干旱与WUE的动态变化特征可以看出，夏季最干旱而WUE最高。因此，季节性干旱与WUE之间可能存在着某种耦合效应。本节试图通过敏感性分析来探讨季节性干旱对WUE的影响。

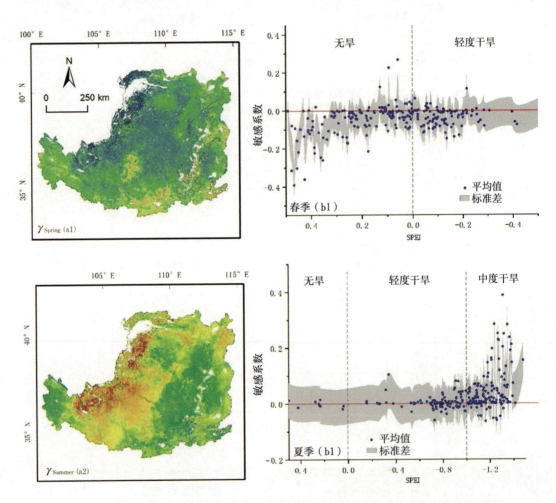

图6-14　2001—2019年黄土高原WUE对季节性干旱的敏感性空间分布及各季节敏感性随干旱程度的变化

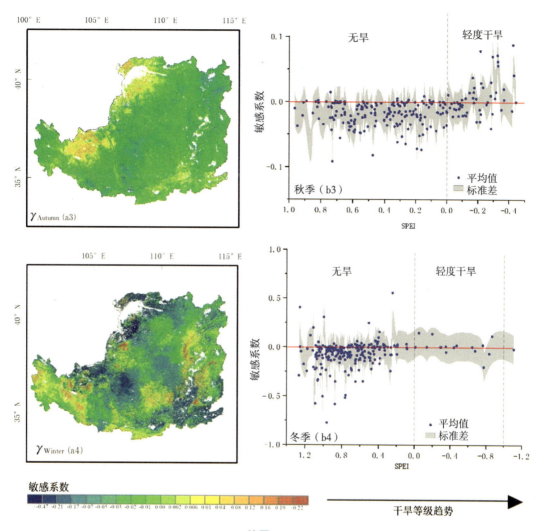

续图 6-14

WUE 对春季 SPEI 的敏感性（γ_{Spring}）除黄土高原东南部、南部及中南部部分地区为正外，其余大部分地区为负，且负 γ_{Spring} 占整个区域的 81%，通过 $P=0.05$ 显著性检验的区域占 8.2%，主要是黄土高原西北部、西部、中部的部分地区，植被类型以灌丛和草地为主（见图 6-14（a1））。春季负敏感性随 SPEI 值的减小而减小，在 SPEI<0 时，负 γ_{Spring} 最集中，说明春旱导致 WUE 提高，但干旱持续性增强时，WUE 提高的敏感性越小（见图 6-14（b1））。

WUE 对夏季 SPEI 的敏感性（γ_{Summer}）空间分布规律明显（见图 6-14（a2）），除陕西与山西交界地区及青海部分地区的干旱使得 WUE 提高外，其余大部分地区 γ_{Summer} 为正（占整个区域的 70.8%），以黄土高原西北部地区（包括甘肃、宁夏部分地区和内蒙古西南部部分地区）最为显著，通过$P=0.05$显著性检验的区域占11%，植被类型以灌丛和草地为主，即夏旱导致WUE降低。夏季SPEI越小，干旱程度越严重，正γ_{Summer}分布越集中，WUE降低的敏感性越大（见图6-14（b2））。

WUE对秋季SPEI的敏感性（γ_{Autumn}）除西部的甘肃部分地区、宁夏部分区域及北部内蒙古部分地区为正外，其余地区普遍为负（占整个区域的80.2%），以甘肃东部、陕西西部和山西北部地区最为显著（见图6-14（a3）），通过$P=0.05$显著性检验的区域占11%，即秋旱使得WUE提高。从γ_{Autumn}随SPEI值的变化可知，随着SPEI值减小，γ_{Autumn}逐渐由负变正，说明当SPEI值较大、干旱较轻时，秋旱导致WUE提高，但随着SPEI值减小，干旱加重，秋旱会使WUE降低（见图6-14（b3））。

WUE对冬季SPEI的敏感性（γ_{Winter}）在黄土高原西南部、中部偏南及东部部分地区为正，其余大部分地区均为负，负γ_{Winter}占整个区域的74.2%，通过$P=0.05$显著性检验的区域占7.8%，以黄土高原东南部地区最为显著，植被类型以森林为主（见图6-14（a4））。冬季SPEI指数大多大于0，大部分地区表现为无旱，WUE与SPEI之间的敏感性虽为负，但基本不随干旱程度的变化而变化（见图6-14（b4））。

为进一步探究WUE对季节性干旱程度的敏感性在不同生态系统间的差异性，本节分别提取了2001—2019年干旱区、半干旱区、半湿润区和湿润区4个生态系统的WUE对各季节SPEI的敏感性，分别分析各季节干旱程度变化对不同生态系统WUE产生的影响（见图6-15）。

春季WUE对无旱和轻旱的敏感性在干旱区、半干旱区、半湿润区和湿润区4个生态系统存在较大差异。春季WUE对无旱的敏感系数在干旱区、半干旱区和湿润区分别为-0.129、-0.051、-0.008，而在半湿润区敏感性为正（$\gamma=0.015$）。春季WUE对轻旱的敏感性在干旱区、半干旱区和半湿润区均为负，其系数分别为-0.011、-0.039、-0.023，而在湿润区为正（$\gamma=0.017$）。这表明春季轻旱使得干旱区、半干旱区和半湿润区的WUE提高，湿润区WUE降低。此外，研究期内春季没有发生中旱和重旱。

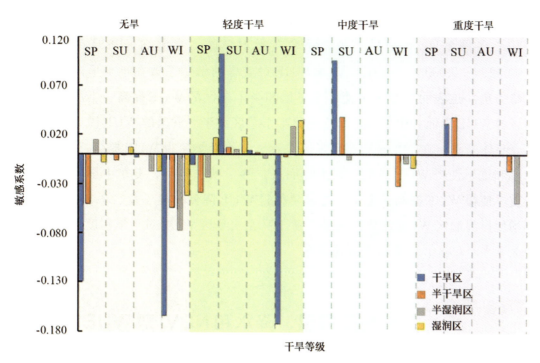

图 6-15 2001—2019 年黄土高原 WUE 对不同生态系统季节性干旱程度的敏感性

注：SP 表示春季；SU 表示夏季；AU 表示秋季；WI 表示冬季。

夏季 WUE 对轻旱的敏感性在干旱区、半干旱区、半湿润区和湿润区均为正，敏感系数分别为 0.102、0.007、0.005、0.018，在干旱区正敏感性最大。夏季 WUE 对中旱的敏感系数在干旱区和半干旱区分别为 0.096、0.039，而在半湿润区为负（$\gamma = -0.005$）。夏季 WUE 对重旱的敏感性在干旱区和半干旱区均为正。这表明夏季轻旱使得干旱区、半干旱区、半湿润区和湿润区的 WUE 降低；中旱使得干旱区和半干旱区的 WUE 降低、半湿润区 WUE 提高；重旱使得干旱区和半干旱区的 WUE 降低。

秋季 WUE 对无旱和轻旱的敏感系数在不同生态系统均较小。秋季 WUE 对无旱的敏感系数在干旱区、半湿润区和湿润区均为负，分别为 -0.003、-0.017、-0.017。秋季 WUE 对轻旱的敏感系数在干旱区和半干旱区分别为 0.005、0.002，而在半湿润区为负（$\gamma = -0.004$）。这表明秋季轻旱使得干旱区和半干旱区的 WUE 降低、半湿润区 WUE 提高。此外，研究期内秋季没有发生中旱和重旱。

冬季当 SPEI＞0 时，WUE 对 SPEI 的敏感性在不同生态系统均为负。当轻旱发生时，冬季 WUE 对轻旱的敏感性在干旱区和半干旱区为负，且在干旱区敏感系数最大（$\gamma=-0.172$）；而敏感系数在半湿润区和湿润区为正，分别为 0.029、0.035。冬季 WUE 对中旱的敏感系数在半干旱区、半湿润区和湿润区分别为 -0.032、-0.009、-0.013。冬季 WUE 对重旱的敏感系数在半干旱区和半湿润区均为负。这表明冬季轻旱使得干旱区和半干旱区的 WUE 提高、半湿润区和湿润区的 WUE 降低；中旱和重旱均使得半干旱区和半湿润区的 WUE 提高。

整体来看，在干旱区和半干旱区，春、冬季轻旱使得 WUE 提高，夏季轻旱、中旱和重旱使得 WUE 降低；在半湿润区，春、秋季轻旱，夏季中旱、冬季中旱和重旱使得 WUE 提高，夏、冬季轻旱使得 WUE 降低；春、夏、冬 3 个季节的轻旱均使得湿润区 WUE 降低。此外，黄土高原干旱区 WUE 对干旱程度的敏感性普遍大于半干旱区、半湿润区和湿润区。

第三节　黄土高原气温、降水和 NDVI 对 WUE 的影响

生态系统水分利用效率（WUE）是生态系统生产力对水分有效性响应的关键变量，深刻影响植被-大气生物物理及生物化学等作用过程。WUE 同时也被认为是评价生态系统对气候变化响应的有效整体指标，密切联系着植被-大气界面的碳循环和水循环过程。因此，在全球气候变化的背景下，尤其是在极端干旱事件频发的背景下，更好地理解生态系统 WUE 对气温、降水和植被生长的响应，对深刻认识区域碳循环和水循环、区域水资源可持续管理及生态系统服务具有十分重要的指导作用。本节首先探究了 2000—2014 年黄土高原陆地生态系统 WUE 的时空分异特征及气温、降水和 NDVI 对 WUE 的影响，然后基于气候水分亏缺的方法判别黄土高原极端干旱和湿润事件对 WUE 的影响及其机理，为预测黄土高原植被水分利用效率的年际变化以及植被气候适应性提供一定的理论依据。

一、WUE 对气温、降水和 NDVI 的敏感性分析

黄土高原 2000—2014 年 WUE 对气温、降水和 NDVI 敏感性的空间分布如图 6-16 所示。其中，WUE 对气温的敏感性（γ_{TEM}）具有明显的空间差异，且整个区域普遍呈现显著的正 γ_{TEM}（$P<0.01$），γ_{TEM} 较大的区域主要集中在黄土高原西

北部和东南部地区。WUE对降水敏感性（γ_{PRE}）的空间分布规律较为明显，正负γ_{PRE}并存，正γ_{PRE}占整个区域的82%，主要分布在黄土高原的西北部及中部地区，而显著负γ_{PRE}主要分布在黄土高原降水较多的东南部地区。为了进一步探明在降水梯度下WUE对降水敏感性的变化规律，以50 mm降水量为间隔，对黄土高原多年平均降水量进行划分，并提取每一降水间隔内的平均γ_{PRE}，结果如图6-17（a）所示。WUE对降水的敏感性存在阈值效应，降水量为100～400 mm时，γ_{PRE}为正值且变化较为稳定，即在这个区间内，WUE随着降水量的增多而提高。从450 mm开始，γ_{PRE}开始降低，超过550 mm时，γ_{PRE}出现负值，即WUE随着降水量的增加而降低。WUE对NDVI敏感性（γ_{NDVI}）的空间分布与γ_{PRE}的空间分布格局相似，即γ_{NDVI}在整个黄土高原正值和负值并存，且负γ_{NDVI}主要分布在降水较多的东南部地区。同样地，以50 mm降水量为间隔，提取每一降水间隔内的γ_{NDVI}，值得注意的是，γ_{NDVI}几乎也是在550 mm降水量处出现负值（见图6-17（b））。因此，WUE对降水和NDVI的敏感性可能均存在阈值效应，即在某一降水梯度内，WUE随着降水的增加而提高，但是超过了这一阈值，WUE会随着降水的增加而降低。

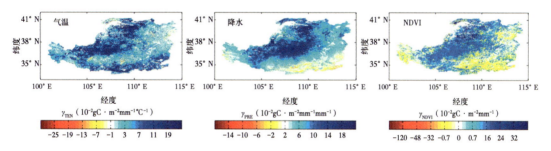

图6-16　2000—2014年黄土高原WUE对气温、降水和NDVI敏感性的空间分布

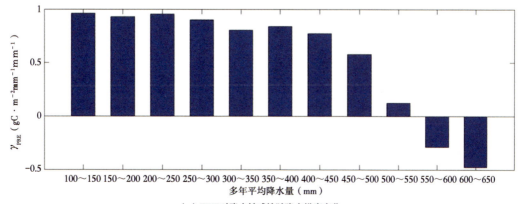

（a）WUE对降水敏感性随降水梯度变化

图6-17　2000—2014年黄土高原WUE对降水和NDVI敏感性随降水梯度变化

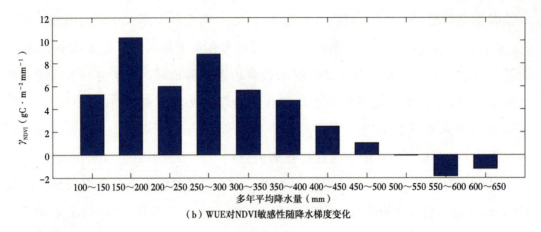

(b)WUE对NDVI敏感性随降水梯度变化

续图 6-17

另外,对比不同植被WUE对气温、降水和NDVI的敏感性(见表6-2)可以发现,灌丛和草地的γ_{PRE}和γ_{TEM}均高于森林,表明每单位降水和气温变化引起灌丛和草地WUE的改变量大于森林WUE的改变量。对比三种植被的γ_{NDVI},发现森林WUE对NDVI的敏感性为负,即随着NDVI上升,森林WUE降低,而灌丛和草地的WUE则随着NDVI的上升而提高。这和γ_{NDVI}随降水变化的阈值效应一致,即出现负γ_{NDVI}的区域以森林为主,而出现正γ_{NDVI}的区域以灌丛和草地为主。因此,WUE对气候和植被生长的敏感性在不同植被类型下差异较大,草地WUE对NDVI的敏感性大于森林和灌丛,而灌丛WUE对降水和气温的敏感性大于森林和草地,气候和植被生长对森林WUE的影响相比灌丛和草地均较小。

表 6-2　三种不同植被类型水分利用效率对气温、降水和NDVI的敏感性

敏感系数	森林	灌丛	草地
γ_{NDVI} ($gC \cdot m^{-2} mm^{-1}$)	−0.35 ± 3.99 (89.27%)	3.67 ± 11.77 (91.27%)	4.27 ± 12.37 (90.56%)
γ_{TEM} ($10^{-4} gC \cdot m^{-2} mm^{-1} ℃^{-1}$)	0.03 ± 0.08 (51.28%)	0.14 ± 0.14 (46.89%)	0.09 ± 0.14 (62.13%)
γ_{PRE} ($10^{-4} gC \cdot m^{-2} mm^{-1} mm^{-1}$)	0.99 ± 5.56 (45.26%)	9.42 ± 11 (26.85%)	7.52 ± 8.85 (75.87%)

注:括号里的数字代表通过显著性检验的像元占比。

二、气温、降水和NDVI对WUE的贡献程度分析

2000—2014年气温、降水和NDVI对黄土高原WUE贡献程度的空间分布格局如图6-18所示。气温对WUE贡献程度（RC_{TEM}）的空间差异不明显，且普遍低于降水和NDVI对WUE的贡献程度。同时，黄土高原东南部以森林为主的地区RC_{TEM}相对较高，通过对比三种植被RC_{TEM}得到一致的结论（见表6-3），即森林RC_{TEM}（4.01%±5.31%）高于灌丛RC_{TEM}（3.75%±4.41%）和草地RC_{TEM}（2.47%±4.14%）。降水对WUE贡献程度（RC_{PRE}）的空间分布和WUE对降水的敏感性空间分布较为一致，高RC_{PRE}区域主要是黄土高原西北部地区，而低RC_{PRE}区域主要是降水较多的东南部地区。为了进一步探究降水梯度下降水对WUE的贡献程度，以50 mm为降水间隔，提取每个降水区间的平均RC_{PRE}。从图6-19（a）可以看出，RC_{PRE}首先随着降水的增加而提高，在350～400 mm处，RC_{PRE}随着降水的增加开始下降，即接近正态分布。因此，降水对WUE贡献程度最高的地区是半干旱地区。另外，三种植被的RC_{PRE}也存在差异，灌丛和草地的RC_{PRE}（分别为20.05%±13.89%和19.30%±14.67%）高于森林RC_{PRE}（6.32%±8.52%）。NDVI对WUE的高贡献程度遍布整个黄土高原，但是高RC_{NDVI}主要集中在降水较少且以草地和灌丛为主的西北干旱地区，此结论和降水对WUE的贡献程度较为一致。同时，对比三种植被NDVI对WUE的贡献程度，发现草地和灌丛RC_{NDVI}（分别为14.05%±14.75%和12.29%±13.43%）高于森林RC_{NDVI}（11.38%±13.77%）。同样地，提取每个降水梯度内的平均RC_{NDVI}，得到和NDVI对WUE贡献程度空间分布一致的结果，即整个黄土高原的RC_{NDVI}普遍较高，尤其在降水为250～300 mm的区域，NDVI对WUE的贡献程度最高，达到17.3%（见图6-19（b））。对比影响三种植被WUE的主导因素，发现灌丛和草地的WUE由降水主导控制，而森林的WUE由NDVI主导控制，气温对三种植被WUE的贡献程度普遍较低。

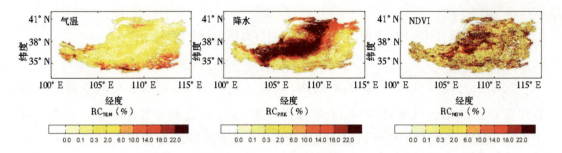

图 6-18　2000—2014 年黄土高原气温、降水和 NDVI 对 WUE 贡献程度的空间分布

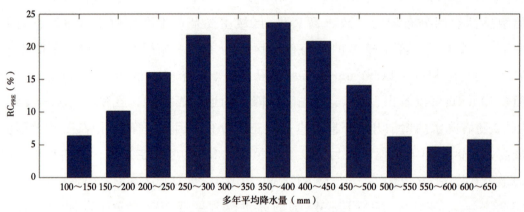

（a）降水对 WUE 贡献程度随降水梯度变化

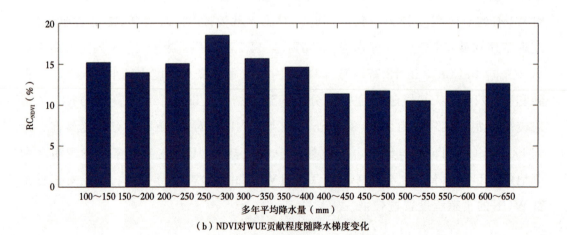

（b）NDVI 对 WUE 贡献程度随降水梯度变化

图 6-19　2000—2014 年降水和 NDVI 对 WUE 贡献程度随降水梯度变化规律

表 6-3　气温、降水和 NDVI 对不同植被类型水分利用效率的贡献程度

变量	森林	灌丛	草地
RC_{NDVI}（％）	11.38 ± 13.77	12.29 ± 13.43	14.05 ± 14.75
RC_{TEM}（％）	4.01 ± 5.31	3.75 ± 4.41	2.47 ± 4.14
RC_{PRE}（％）	6.32 ± 8.52	20.05 ± 13.89	19.30 ± 14.67

综上，黄土高原2000—2014年生长季WUE空间分布的年际变化明显，尤其是2012—2014年，WUE明显高于研究期内的其他年份。同时，不同植被类型多年平均WUE存在差异，森林最高，灌丛次之，草地最低。另外，气温、降水和NDVI对WUE的影响具有明显的空间分布格局，且不同植被类型WUE的主导因素不同。

第四节　极端气候事件下WUE的差异及其影响因素

本节基于2000—2014年黄土高原WUE时空分布特征以及气温、降水和NDVI对WUE的影响研究，进一步探究极端干旱和湿润事件对WUE的影响及其机理。

一、极端干旱和湿润事件下水分利用效率的差异

基于气候水分亏缺的方法，逐像元点判别黄土高原2000—2014年的极端气候年份，得到黄土高原极端干旱和湿润事件，并对比分析了极端气候事件下WUE的空间分布（见图6-20）。结果显示，2000—2014年整个黄土高原出现极端湿润事件的像元点个数（占整个黄土高原的86.76％）明显多于出现极端干旱事件的像元点个数（占整个黄土高原的41.7％），2000—2014年黄土高原发生极端湿润事件的区域明显多于发生极端干旱事件的区域。对比分析发现黄土高原极端干旱事件和极端湿润事件共同发生的区域（干湿共发区域）占整个黄土高原的33％，其中草地占干湿共发区域的67.36％。

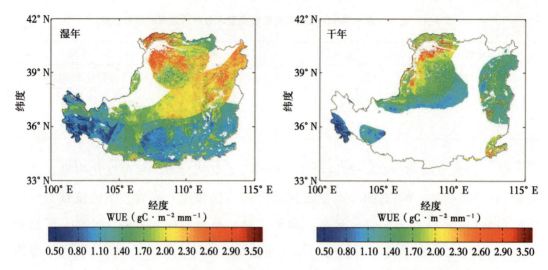

图 6-20 2000—2014 年极端干旱和极端湿润事件下 WUE 空间分布

通过干湿共发区域中森林、灌丛及草地 WUE 在极端干旱和湿润事件下的概率密度函数分析（α＝0.05）（见图 6-21），发现这三种植被 WUE 表现出一致的变化规律，即极端湿润事件下的 WUE 高于极端干旱事件下的 WUE，这一特征在灌丛和草地中表现得尤为明显。同时，三种植被的 WUE 差异明显（见图 6-22），极端湿润事件下，灌丛平均 WUE 最高，为（2.02±0.56）gC·$m^{-2}mm^{-1}$；森林 WUE 最低，为（1.87±0.60）gC·$m^{-2}mm^{-1}$。而极端干旱事件下，森林 WUE 最高，为（1.84±0.65）gC·$m^{-2}mm^{-1}$；草地 WUE 最低，为（1.51±0.55）gC·$m^{-2}mm^{-1}$。因此，三种植被的 WUE 随着外界水分状况的改变发生明显变化，植被对水分的变化响应明显。

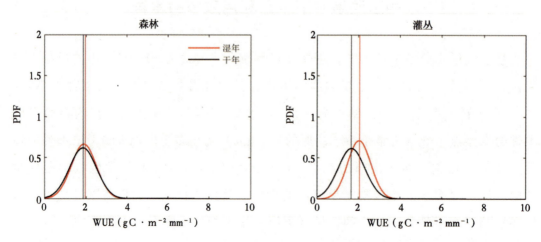

图 6-21 2000—2014 年极端干旱和湿润事件下不同植被 WUE 的概率密度分布

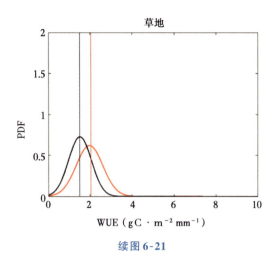

续图 6-21

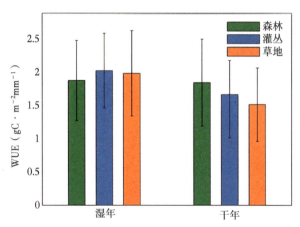

图 6-22 2000—2014 年极端干旱和湿润事件下不同植被类型 WUE 对比

为了直观地反映极端湿润事件和极端干旱事件下水分利用效率变化速率（RWUE）随气温和降水的空间变化，构建二维气象空间图，以多年平均气温（2000—2014 年）为横轴，多年平均降水量（2000—2014 年）为纵轴，判断极端干旱和湿润事件下 WUE 的变化速率（$RWUE_干$ 和 $RWUE_湿$）随气温和降水的变化情况。如图 6-23 所示，三种植被的 RWUE 在水热区间内呈现明显的空间差异。为了便于比较，将整个空间图根据气温和降水划分为五种模态：Mode1 为[500～600 mm，18～22 ℃]，Mode2 为[400～500 mm，13～18 ℃]，Mode3 为[300～400 mm，12～16 ℃]，Mode4 为[325～400 mm，15～19 ℃]，Mode5 为[100～325 mm，15～19 ℃]。本章附表 6-1 为极端干旱和极端湿润事件下三种植被类型在五种模态下的 RWUE。对比发现，无论是在极端干旱事件还是在极端湿润事件下，草地和灌丛

RWUE 的空间分布特征较为一致（见图 6-23）。在极端湿润事件下，草地和灌丛在 Mode2、Mode4、Mode5 三种模态下 RWUE 为正值；而在极端干旱事件下，草地和灌丛在 Mode2、Mode4 下 RWUE 为负值，在 Mode5 下 RWUE 为正值，但是此正值明显低于极端湿润事件下灌丛和草地在 Mode5 下的 RWUE（见附表 6-1）。因此，在 Mode2、Mode4 和 Mode5 下，灌丛和草地在极端湿润事件下的 WUE 均高于极端干旱事件下的 WUE，而在 Mode1 和 Mode3 则表现为极端湿润事件下的 WUE 低于极端干旱事件下的 WUE。同时，灌丛和草地 Mode2、Mode4 和 Mode5 所占比例的总和均超过了其对应的植被类型面积的 82%。因此，界定 Mode2、Mode4、Mode5 是草地和灌丛 RWUE 的主导模态。另外，森林在 Mode2、Mode3、Mode5 这三种模态下表现为极端湿润事件下的 RWUE 大于极端干旱事件下的 RWUE，说明极端湿润事件下的 WUE 高于极端干旱事件下的 WUE。值得注意的是，在 Mode1（占整个森林面积的 17.27%）下，森林在极端湿润事件下的 RWUE 低于极端干旱事件下的 RWUE，即极端湿润事件下森林 WUE 低于极端干旱事件下 WUE。根据森林的分布范围以及各个模态所占的比例，界定 Mode1 和 Mode2 是森林 RWUE 的主导模态。

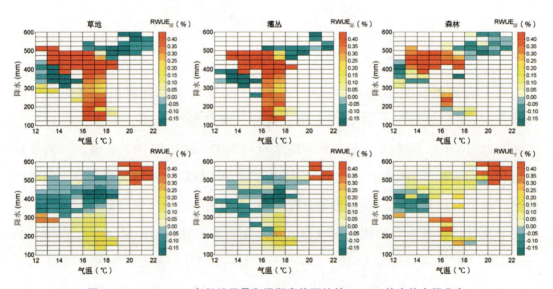

图 6-23　2000—2014 年极端干旱和湿润事件下植被 RWUE 的水热空间分布

注：图中第一、二行分别代表极端湿润事件和极端干旱事件下的水分利用效率变化速率（RWUE），第一、二、三列分别代表草地、灌丛和森林三种植被类型。

综上，尽管森林、灌丛和草地整体上均表现为极端湿润事件下的WUE高于极端干旱事件下的WUE，但是在不同水热空间下，极端湿润和干旱事件的水分利用效率变化速率差异明显。

二、极端干旱和湿润事件对水分利用效率的影响

以总初级生产力变化速率（RGPP）和蒸散发变化速率（RET）来表征极端干旱和湿润事件下GPP和ET相对多年平均值的变化速率。森林、灌丛和草地的RWUE、RGPP和RET空间分布如图6-24、图6-25、图6-26所示，图6-27显示了主导模态下极端干旱和湿润事件RGPP和RET的相对变化。通过对比发现，灌丛和草地的RWUE、RGPP和RET在主导模态下均表现出高度一致性。在极端湿润事件下，灌丛和草地在Mode2、Mode4和Mode5下均呈现出RGPP和RET的增加，同时GPP的增加速率大于ET（见图6-27），进而导致WUE提高。而在极端干旱事件下，灌丛和草地RGPP和RET在Mode2和Mode4下呈现减小趋势，但是由于GPP的减少速率大于ET（见图6-27），进而导致极端干旱事件下WUE的降低。另外，极端干旱事件下灌丛和草地在Mode5下表现出WUE的提高，这归因于GPP的减少速率小于ET。因此，灌丛和草地在主导模态下GPP和ET同向变化，即极端湿润事件下RGPP和RET均增加，而极端干旱事件下RGPP和RET均减小，但是GPP和ET同向变化速率的差异导致了WUE的差异。值得注意的是，森林在极端干旱事件的Mode1下（见图6-27），WUE的变化归因于RGPP和RET的非同向变化。此模态下，RGPP增大而RET减小，从而导致WUE提高；而森林在极端干旱事件的Mode2下，GPP的减少速率小于ET，进而导致WUE提高。极端湿润事件下，森林WUE的变化是由GPP和ET同向变化速率的差异引起的。森林在Mode1下GPP的增加速率小于ET，进而促使极端湿润事件下WUE降低，而Mode2下GPP的增加速率大于ET，从而使得WUE提高。因此，WUE的变化归因于GPP和ET的变化方向以及变化速率。

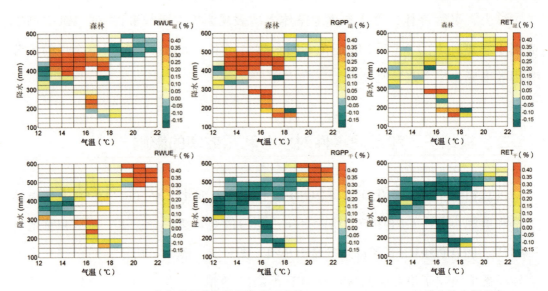

图 6-24 2000—2014 年极端干旱和湿润事件下森林 RWUE、RGPP、RET 的水热空间分布

注：图中第一、二行分别代表极端湿润事件和极端干旱事件，第一、二、三列分别代表森林水分利用效率变化速率（RWUE）、总初级生产力变化速率（RGPP）和蒸散发变化速率（RET）。

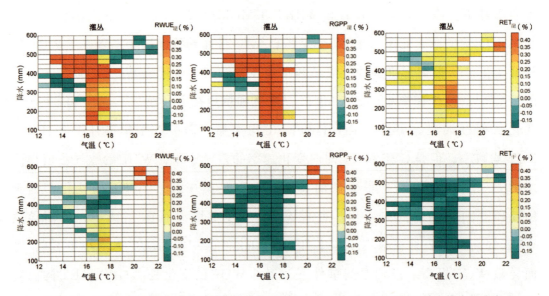

图 6-25 2000—2014 年极端干旱和湿润事件下灌丛 RWUE、RGPP、RET 的水热空间分布

注：图中第一、二行分别代表极端湿润事件和极端干旱事件，第一、二、三列分别代表灌丛水分利用效率变化速率（RWUE）、总初级生产力变化速率（RGPP）和蒸散发变化速率（RET）。

第六章 黄土高原WUE变化及其影响因素 155

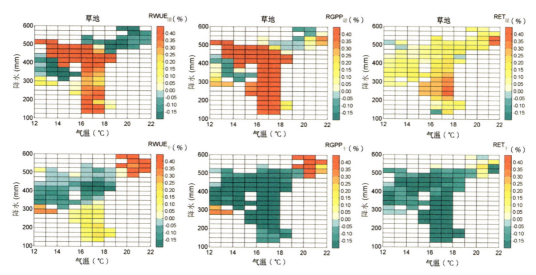

图 6-26　2000—2014 年极端干旱和湿润事件下草地 RWUE、RGPP、RET 的水热空间分布

注：图中第一、二行分别代表极端湿润事件和极端干旱事件，第一、二、三列分别代表草地水分利用效率变化速率（RWUE）、总初级生产力变化速率（RGPP）和蒸散发变化速率（RET）。

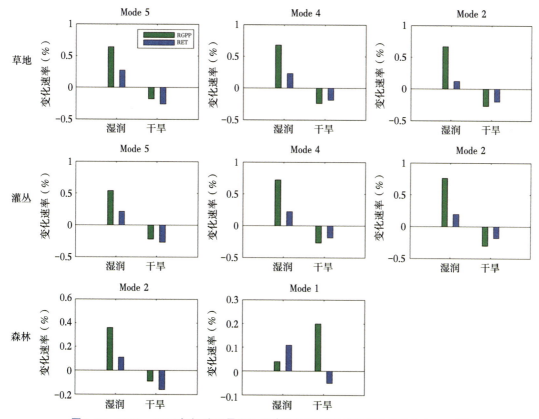

图 6-27　2000—2014 年极端干旱和湿润事件下不同植被类型 RGPP 和 RET 对比

注：图中第一、二、三行分别代表草地、灌丛和森林在极端气候事件下总初级生产力变化速率（RGPP）和蒸散发变化速率（RET）。绿色代表总初级生产力变化速率（RGPP），蓝色代表蒸散发变化速率（RET）。

三、极端干旱和湿润事件下气温及降水对GPP和ET的影响

（一）干湿年份的气温、降水特征

对比极端干旱和湿润事件下干湿共发区域的降水和气温，发现不同植被在主导模态下降水和气温差异较大（见附表6-2、附表6-3），降水由极端湿润事件到极端干旱事件降低了约一半，而气温由极端湿润事件到极端干旱事件上升了约5%。无论是极端干旱还是极端湿润事件，整个干湿共发区域中灌丛的降水量始终少于森林，同时，灌丛极端干旱和湿润事件的降水量差最小（208.60 mm），而森林的降水量差最大（281.39 mm）。这说明年均降水越少的地区，极端干旱和湿润事件下降水量的变化越小，而年均降水越多的地区，极端干旱和湿润事件下降水量的差异越大。类似地，在森林、灌丛和草地的主导模态中也发现了相似的规律。从Mode1到Mode2，森林降水呈现下降的趋势，而这两种模态在极端干旱和湿润事件下的降水量差也呈现出从大到小的变化趋势，同样，灌丛和草地的三种主导模态（Mode2、Mode4和Mode5）中也呈现了一致的变化趋势。因此，随着降水量的减少，极端干旱和湿润事件下的降水量差逐渐缩小，说明在越干旱的地区，植被在干湿事件下可能受到降水变化的影响越小。

（二）干湿年份气温、降水对GPP和ET的影响

对比极端干旱和湿润事件下气温、降水对GPP和ET的影响可以发现（见附表6-4），气候因子对草地、灌丛GPP和ET的贡献具有相对一致的变化规律。随着降水的增加（从Mode5到Mode2），气温、降水对灌丛、草地GPP和ET的贡献整体上逐渐变大，即在越干旱的地区，气候对GPP和ET的贡献越小，而在降水较多的地区，气候对GPP和ET的贡献越大。这说明在越湿润的地区，植被GPP和ET越易受到降水和气温的影响，而该区域也是干湿事件下降水和气温剧烈变化的区域，因此，该区域GPP和ET受到的气温和降水的影响更为显著。相反，在降水越少的地区，外界气候环境的改变对干湿年份GPP和ET的影响较小。

值得注意的是，气温、降水对GPP和ET的影响在一定程度上解释了RGPP和RET对WUE的影响。极端干旱事件下草地和灌丛在Mode2下均表现出降水正

向主导 GPP 和 ET，而极端湿润事件的气温负向控制 GPP 和 ET。这就解释了图 6-27 中草地和灌丛在 Mode2 下在极端干旱事件下 RGPP 和 RET 减小、在极端湿润事件下 RGPP 和 RET 增大的规律，即在极端干旱事件下，GPP 和 ET 随着降水的减少而减少，而在极端湿润事件下，GPP 和 ET 随着气温的降低而增加。同时，气温、降水对 GPP 和 ET 的贡献程度决定了 GPP 和 ET 的变化速率，进而引起了 WUE 变化。例如，极端湿润事件下草地在 Mode2 下气温负向主导 GPP 和 ET（见图 6-28），加之气温对 GPP 的贡献程度（40.20%）远高于其对 ET 的贡献程度（18.28%），因此在极端湿润事件下草地 GPP 的增加速率快于 ET，从而引起草地 WUE 在 Mode2 下提高。另外，次要气候因子也会在一定程度上影响 GPP 和 ET 的变化，尤其是当主、次气候因子对 GPP 和 ET 的贡献程度较为接近时，GPP 和 ET 对气温、降水的敏感性大小会直接影响 GPP 和 ET 的变化量级。图 6-28 中极端湿润事件和 Mode4 下草地的 ET 是由气温的正向影响（贡献百分比为 8.56%，敏感系数为 6.39 mm ℃$^{-1}$）和降水的正向影响（贡献百分比为 6.79%，敏感系数为 0.59 mm mm^{-1}）共同决定的。极端湿润事件和 Mode4 下草地 ET 随着降水的增多而增加，同时草地 ET 随着气温的降低而减少，因此，降水增多引起的 ET 增加和气温降低引起的 ET 减少进行博弈，由降水增加（相比极端干旱事件增加 291.79 mm）引起 ET 的增加量（172.28 mm）大于气温下降（相比极端干旱事件降低 0.73 ℃）引起 ET 的减少量（4.66 mm），从而引起极端湿润事件草地在 Mode4 下 ET 的增加，这就解释了图 6-27 中草地在 Mode4 和极端湿润事件下 RET 的增加。同时，极端湿润事件下草地在 Mode4 下降水正向主导控制 GPP（8.57%），由降水增多引起 GPP 的增加量（304.26 gC·m^{-2}）大于降水对 ET 的改变（287.34 mm），导致了极端湿润事件下草地在 Mode4 下 WUE 提高。因此，气温、降水对 GPP 和 ET 的影响方向和贡献程度均会导致 GPP 和 ET 变化速率的不同，从而引起 WUE 的变化。

相比灌丛和草地，降水、气温对森林 GPP 和 ET 的贡献程度在两个主导模态下均较低，但依旧表现出一定的变化规律（见图 6-28）。在 Mode1 下，极端干旱事件下森林 GPP 由气温正向主导（贡献百分比为 39.40%，敏感系数为 77.04 gC·m^{-2} ℃$^{-1}$），ET 则由气温负向主导（贡献百分比为 −12.84%，敏感系数为 −12.29 mm ℃$^{-1}$），而在极端湿润事件下 GPP 和 ET 都由降水正向主导。这就解释了图 6-27 中在极端干旱事件下森林在 Mode1 下 RGPP 增大、RET 减小，而在

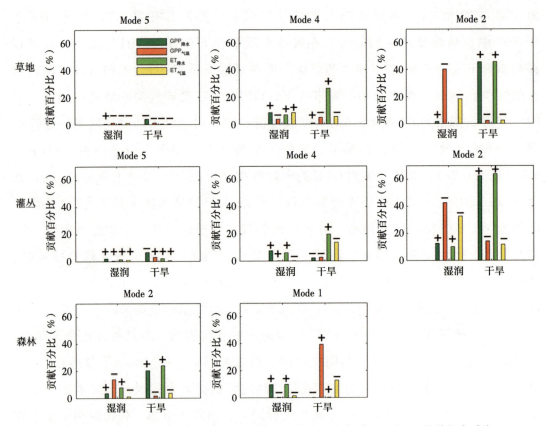

图 6-28　2000—2014 年极端干旱和湿润事件下气温、降水对 GPP 和 ET 贡献程度对比

注：图中第一、二、三行分别代表草地、灌丛和森林在其主导模态下的降水、气温对干湿年份 GPP 和 ET 的贡献程度。深绿色代表降水对 GPP 的贡献，浅绿色代表降水对 ET 的贡献，橘黄色代表气温对 GPP 的贡献，而浅黄色代表气温对 ET 的贡献。每个柱状图上的正负号代表的是 GPP 或者 ET 对气温和降水的敏感性方向，"＋"代表自变量和因变量的同向变化，即随着气候因子的上升（增加）/下降（减少），GPP 或者 ET 增加/减少；"－"代表自变量和因变量的异向变化，即随着气候因子的下降（减少）/上升（增加），GPP 或者 ET 增加/减少。

极端湿润事件下 RET 大于 RGPP 的结果。在极端干旱事件下，森林 GPP 随气温的升高而增加，ET 随气温的升高而减少，从而导致在 Model 下，在极端干旱事件下 RWUE 上升；而在极端湿润事件下，在 Model 下森林 GPP 和 ET 均随降水的增多而增加，但是降水对 ET 的贡献程度（9.9%）大于对 GPP 的贡献程度（9.7%），因此导致 ET 的增加速率大于 GPP 的增加速率，进而引起 RWUE 的降低。在 Mode2 下，在极端干旱事件下森林的 GPP 和 ET 均由降水正向主导控制，因此，极端干旱事件下 GPP 和 ET 随降水的减少而减少，加之降水对 ET 的贡献程度（23.97%）高于其对 GPP 的贡献程度（20.31%），从而促使 ET 的减少速率快于 GPP 的减少速率，进而导致 RWUE 提高。而在 Mode2 下，在极端湿润事件下森林GPP由气温负向控制，ET则由降水正向控制，GPP随气温的降低而增加，ET则随降水的增多而增加，加之气温对GPP的贡献程度（13.82%）大于降水对ET的贡献程度（7.86%），导致RWUE提高。因此，同一种植被类型在不同模态之间的GPP和ET的影响因素存在明显差异，进而导致GPP和ET变化速率的差异。

综上，气温、降水对GPP和ET的同向以及非同向影响导致了GPP和ET变化速率的不同，进而直接影响极端干湿事件水分利用效率的差异。

第五节 讨论

一、WUE的时空变化

黄土高原地势西北高、东南低，热量与水分的分配不均引起了区域内植被呈东南—西北走向的水平地带性分布，植被的地带性差异造成区域内植被WUE自东南向西北逐渐减少的趋势，这是因为黄土高原东南部的植被类型以森林为主，多为密集树冠的深根系植被，可以拦截更多的太阳辐射，利用更多的土壤水分。此外，土地利用情况、辐射条件、CO_2浓度变化及植被的群落组成等因素可能引起植被WUE的差异。不同季节、不同持续时间的干旱也会影响生态系统水分利用效率，如夏季干旱通过影响气孔行为和植被绿度来影响生态系统的水分利用效率，秋旱期间，高PAR和VPD可以增加ET，进而影响WUE的变化。

本研究发现，黄土高原不同季节植被WUE差异显著，这种季节性差异可能归因于土壤含水量的差异或受蒸汽压亏缺的影响，且黄土高原季节性WUE的空间分布与海拔存在一定的契合性，海拔越高，WUE越低。春季（3—5月）由于气温处于回升阶段，WUE高值出现在东南部海拔较低地区，低值则分布在海拔较高的西南部地区，且春季植被处于返青期，南部地区的农田耕作方式对WUE产生一定的影响，如一年一熟农田植被仅在春季作物繁盛期出现GPP升高而ET

降低的情况；夏季（6—8月）植被WUE达到最高值，WUE空间分布呈现出"东南高，西北低"的分布特征，这可能是蒸腾和蒸发对蒸散量的相对贡献所引起；秋季（9—11月）开始降温，植被处于衰落阶段，此阶段由于黄土高原东南部地区降温比西南、西北地区相对较慢，又由于东南部地区有大片农田区，存在着未收割的农作物，因此，秋季WUE高值区仍出现在东南部。以上结论与Zhu、艾则孜提约麦尔·麦麦提等[1][2]的研究结果比较一致。

在时间变化上，刘宪锋等[3]研究表明，黄土高原夏季WUE最高，秋季最低，且春、秋季WUE呈上升趋势，夏季WUE呈现微弱下降趋势。空间分布及变化趋势上，春季WUE空间分布格局呈现出"西北—东南高，西南—东北低"的分布特征，且在山西西部和陕西北部地区呈明显上升趋势；夏季WUE空间分布格局呈现出"东南低，西北高"的分布特征，且黄土高原西部地区呈显著下降趋势；秋季WUE空间分布格局呈现出"西北低，东南高"的分布特征。而与本研究结果不同的是，本研究发现黄土高原2001—2019年春季、夏季和秋季WUE均呈下降趋势，且夏季WUE呈显著下降趋势，空间分布呈现出"东南高，西北低"的分布特征。导致这种差异的原因可能有：① 所选取的时间跨度及遥感数据的分辨率不同，刘宪锋等所选取的时间节点是2000—2014年，所采用的GPP和ET数据空间分辨率为1 km×1 km，而本研究所选取的时间节点是2001—2019年，所采用的GPP和ET数据空间分辨率为500 m×500 m；② 受退耕还林还草工程及植被在不同生长阶段水分利用策略和能力的影响，在夏季降水较多的情况下，地表蒸散发量增加，即耗水量的提升快于总初级生产力（GPP）的提高速度，从而导致了夏季WUE的降低。

---

[1] Zhu X J, Yu G R, Wang Q F, et al. Spatial variability of water use efficiency in China's terrestrial ecosystems [J]. Global and Planetary Change, 2015, 129: 37-44.

[2] 艾则孜提约麦尔·麦麦提，玉素甫江·如素力，何辉，等. 2000—2017年新疆天山植被水分利用效率时空特征及其与气候因子关系分析[J]. 植物生态学报，2019，43 (6): 490-500.

[3] 刘宪锋，胡宝怡，任志远. 黄土高原植被生态系统水分利用效率时空变化及驱动因素[J]. 中国农业科学，2018，51 (2): 302-314.

二、不同植被WUE的变化

本研究在分析自然植被的季节性水分利用效率时发现，在春季和夏季草地的WUE较高，灌丛和森林的WUE较低，这可能与植被在不同季节下的水分利用策略不同有关，即在蒸发量相对较大的春季和夏季，碳固定量相对较低的草地会通过改变水分利用策略、提高水分利用效率来适应环境，而碳固定量较高的灌丛和森林水分利用效率则较差，这在一定程度上验证了前人研究。Zhang等[1]发现除灌丛和草地外的其他植被类型WUE均随气温升高而降低，而本研究结果表明，不同季节的自然植被WUE对气温和降水的响应不同，产生差异的原因是，一方面，区域尺度生态系统WUE不仅具有较强的季节和年际变化特征，且会受环境条件的影响而变化。另一方面，浅根系草本植物和深根系木本植物吸收水分的土壤深度不同，浅根系草本植物主要依靠降水补给后的土壤水，而深根系木本植物主要利用深层土壤水或地下水。此外，不同区域的植被类型在受到干旱胁迫时的响应策略不同，半干旱和半湿润地区（即草原、农田和稀树草原）可能比干旱地区（荒漠植被和灌丛）更容易受到干旱胁迫的影响。

此外，季节性WUE的空间分布差异性可能与不同植被的季节性水分利用策略不同有关。如本研究发现，黄土高原东南部降水较多的森林分布区季节性WUE最高，这与之前关于不同生态系统中WUE变化的研究比较一致，也有学者证实了WUE沿降水梯度的正变化趋势[2]。这是因为更潮湿地区的森林具有密集树冠的深根系植被，可以拦截更多的太阳辐射，利用更多的土壤水分，从而有利于植物生长和生态系统WUE的提高。

三、黄土高原WUE对气候的响应

WUE对降水的阈值效应已得到了众多学者的证实，有研究表明，在干旱地

---

[1] Zhang T, Peng J, Liang W, et al. Spatial-temporal patterns of water use efficiency and climate controls in China's Loess Plateau during 2000—2010[J]. Science of the Total Environment, 2016, 565: 105-122.

[2] Seelig H D, Hoehn A, Stodieck L S, et al. Relations of remote sensing leaf water indices to leaf water thickness in cowpea, bean, and sugarbeet plants[J]. Remote Sensing of Environment, 2008, 112 (2): 445-455.

区，WUE 随降水量增加而降低是由于 ET 的增加幅度大于 GPP。此外，WUE 和区域内的有效降水有关，降水越多会导致区域降水以径流、冠层截留以及土壤蒸发等形式耗散，从而产生很多无效水，因此区域 WUE 会随着降水的增加而降低。另外，WUE 对气温的阈值效应也得到了相关研究的证实，马利民[①]等研究表明气温与植被 WUE 呈正相关关系。也有部分研究表明气温升高会抑制生态系统的 WUE，即在一定的气温临界值内，气温升高会导致叶片气孔导度增大，植物的光合作用强度大于蒸散作用，从而导致 WUE 提高；而当气温超过某一临界值时，气温升高又会导致 WUE 降低。与本研究所不同的是，本研究是从季节性角度出发来探究 WUE 对气温和降水的季节性阈值，发现春季、夏季、秋季的最适降水阈值分别为 50~80 mm、280~370 mm、65~125 mm，最适气温阈值分别为 14 ℃ 以上、15~19 ℃ 和 6~13 ℃。因此，在今后的研究中，还需对这一结果进行进一步的验证。除气温和降水影响 WUE 外，太阳辐射也会影响 WUE。Xue 等在全球尺度上研究了 WUE 的驱动因素，发现在大多数地区，WUE 随着太阳辐射的减少而提高。太阳辐射对 WUE 的影响也会受土地利用方式的影响，有研究发现在森林地区，WUE 与短波辐射呈显著正相关（太阳辐射促进了光合作用和碳的同化，但较高的叶面积指数减少了到达地表的辐射量，导致林地的土壤蒸发减少），而在草地地区，WUE 与太阳辐射不相关。

关于水分利用效率的季节差异性，可能与 GPP 和 ET 对生物和环境因素的响应不同。例如，Zhao 等发现地表导热性是影响 WUE 变化的关键生物因子[②]。Niu 等发现 GEP 和 ET 在不同强度的光照下对太阳辐射的响应不同[③]。在弱光下，GEP 和 ET 随辐射强度的增加而增加。然而，在强光下，GEP 会随着辐射强度的增加而受到抑制，但 ET 会继续增加。此外，本研究在分析黄土高原季节性 WUE 的影响因素时，只考虑了气温和降水，没有考虑土壤含水量、CO_2 浓度、辐射、生态恢复工程等因素对 WUE 的影响，且没有考虑到不同季节影响 WUE 的关键环

---

① 马利民，刘禹，赵建夫. 贺兰山油松年轮中稳定碳同位素含量和环境的关系[J]. 环境科学，2003，24（5）：49-53.

② Zhao J X, Feng H Z, Xu T R, et al. Physiological and environmental control on ecosystem water use efficiency in response to drought across the northern hemisphere[J]. Science of The Total Environment，2021，758: 143599.

③ Niu X D, Liu S R. Drought affected ecosystem water use efficiency of a natural oak forest in Central China[J]. Forests，2021，12（7）: 839.

境因子不同，例如在华中地区的天然栎林生态系统中，春季和夏季，PAR是控制WUE的关键环境因子，而秋季VPD是控制WUE的关键环境因子。同时，在分析WUE对气温和降水的响应时，本研究仅用了偏相关和复相关等线性方法，没有考虑到气温、降水与季节性WUE的非线性关系。如何考虑多因素对季节性WUE的影响及其之间的非线性关系还需进一步探讨。

四、黄土高原WUE对SPEI的响应

研究发现，WUE对季节性干旱的响应存在很大的区域差异性，且季节性干旱程度对WUE的影响在不同生态系统存在差异，这在一定程度上证实了干旱对WUE影响机制的复杂性。例如，已有研究发现，不同生态系统对干旱的响应不同，同一生态系统的WUE对干旱的响应在不同研究区域既有正向响应，也有负向响应[1]；且干旱对水分利用效率的影响随干旱程度、干旱发生时间和生物群落类型而变化，如Ma等[2]研究指出华北地区易旱幼林WUE与干旱的关系在季节和年际变化上不同。此外，有研究指出生态系统WUE对干旱的响应是正向的还是负向的，取决于生态系统GPP和ET对干旱的敏感性差异，干旱会降低土壤含水量，同时会使得GPP和ET减少，这在一定程度上可以解释本研究发现的夏旱导致WUE降低，春旱导致WUE提高。

从WUE对季节性干旱的响应来看，WUE对春旱和冬旱的敏感性都为负，分别在黄土高原西北部和东南部地区负敏感性较为显著，而WUE对夏旱的敏感性为正，在西北部地区较为显著。导致敏感性空间差异的原因可能是黄土高原西北部和东南部地区的植被类型不同，西北部地区以浅根系草本植物为主，而东南部地区以深根系多年生植物为主，草本植物和森林在受到干旱胁迫时的水分利用策略不同，吸收水分的土壤深度不同。如有学者指出，浅根系草本植物主要依靠降水补给后的土壤水，而深根系木本植物主要利用深层土壤水或地下水。但也有研

---

[1] Yang Y T, Guan H D, Batelaan O, et al. Contrasting responses of water use efficiency to drought across global terrestrial ecosystems[J]. Scientific Reports, 2016, 6: 23284.

[2] Ma J Y, Jia X, Zha T S, et al. Ecosystem water use efficiency in a young plantation in Northern China and its relationship to drought[J]. Agricultural and Forest Meteorology, 2019, 275: 1-10.

究指出，无论是旱季还是雨季，也无论植被类型是深根系还是浅根系，植被都主要依赖于表层土壤水，如 Jackson 等在研究中指出小树木（Didymopanax Macrocarpum 和 Miconia Ferruginata）在受到水分胁迫时会选择利用深层的土壤水来维持其正常生长[1]。导致敏感性季节差异的原因可能是，黄土高原地区降水集中在夏秋季，而冬春季干旱少雨，植被很可能已经适应了冬春季较为干燥的气候，因此当冬春季干旱持续时，植被的耐旱性比夏季相对较好，植被的这种水分利用策略在相关研究中也得到了证实。如 Yang 等[2]发现草地生态系统生产力对降水变化的响应最为迅速，其功能和活动在很大程度上取决于水资源的可获得性，且深根系多年生植物也会对降水变化做出反应，但时间尺度比草本植物长。Vicente-Serrano 等人[3]研究指出，干旱生态系统中的植被生长由于长期适应了缺水条件并保持了 GPP 损失，对干旱胁迫能够快速反应，因此 GPP 的减少小于 ET 的减少，导致 WUE 上升；相比之下，湿润生态系统中的植被对干旱的适应性较差，在干旱干扰下，GPP 的限制性增加和 ET 的增加导致 WUE 降低。这在一定程度上可以解释本研究得到的黄土高原西北部地区（干旱地区，以草本植物为主）的春旱导致 WUE 上升（春季降水少），而夏旱导致 WUE 降低（夏季降水多）。值得一提的是，本研究发现 WUE 对秋旱的敏感性可能存在阈值效应，即 SPEI 值较大，秋旱较轻时，秋旱使得 WUE 上升，但随着 SPEI 减小，干旱加重，秋旱会使得 WUE 降低。而裴婷婷等研究发现，黄土高原 WUE 对降水量和 NDVI 的敏感性存在阈值效应，即黄土高原秋旱受降水量的影响较大，这也从侧面说明了干旱与降水量的密切联系。

生态系统 WUE 对干旱的响应是一个极其复杂的过程，受到多种生物和非生物因素的影响，WUE 的内在变异性和可塑性极强。本研究发现，黄土高原干旱地区 WUE 对干旱程度的敏感性普遍大于半干旱地区、半湿润地区和湿润地区。究其原因可能有两点。① 不同区域的生态系统过程对水文气候条件变化的敏感性

---

[1] Jackson P C, Meinzer F C, Bustamante M, et al. Partitioning of soil water among tree species in a Brazilian Cerrado ecosystem[J]. Tree Physiology, 1999, 19 (11): 717-724.

[2] Yang Y T, Guan H D, Batelaan O, et al. Contrasting responses of water use efficiency to drought across global terrestrial ecosystems[J]. Scientific Reports, 2016, 6: 23284.

[3] Vicente-Serrano S M, Beguería S, Lorenzo-Lacruz J, et al. Performance of drought indices for ecological, agricultural, and hydrological applications[J]. Earth Interactions, 2012, 16 (10):1-27.

不同。干旱地区的水分利用效率变化主要受物理过程（即蒸发）的控制，而半干旱/半湿润地区的水分利用效率变化主要受生物过程（即同化作用）的调节。此外，供水条件也会严重干扰陆地生态系统对干旱响应的敏感性。② 干旱地区植物群落抵御水分胁迫的能力较强，植被生长对干旱胁迫的响应较快，干旱通常会导致植被活性减弱和植物生长速率的下降，但很少造成植物死亡或长期干旱。此外，本研究还发现在不同生态系统季节性WUE对各等级干旱程度的响应不同，春季和冬季的轻旱在干旱地区和半干旱地区导致WUE上升，而在湿润地区导致WUE降低；类似地，夏季中旱在干旱地区和半干旱地区导致WUE降低，而在半湿润地区导致WUE上升。这与前人研究结果较为一致，如Xu等人[1]研究发现，干旱地区、半干旱地区、半湿润地区和湿润地区的WUE对干旱胁迫响应不同。与之不同的是，本研究探讨的是季节性干旱程度对WUE的影响。

Vicente-Serrano等研究指出干旱地区的植被具有能够迅速适应不断变化的水资源的机制，因此在短时间内一旦出现低于正常值的水分不足，植被就会迅速做出反映。而湿润地区的植被对缺水的适应能力通常较差，在短时间尺度上对干旱做出的反应不同于那些在干旱生物群落中生长的植被。也有学者指出，在湿润地区，活跃的叶片冲刷时间和水汽压差等物候学方面因素可能会影响干旱对植物的影响；干旱的影响很可能与植物组织的破坏密切相关，如导致叶片生物量的损失，且湿润地区的干旱与植被活动和植物生长之间的关系更为复杂，因为湿润地区的特点是水分过剩，湿润地区植被可以在干旱结束后的短时间内恢复到以前的状态，因此湿润地区植被的干旱脆弱性比干旱地区植被大，而受干旱的影响比干旱地区植被小。

与以往研究相比，本研究从季节角度探讨了干旱对WUE的影响，进一步证实了生态系统WUE在应对外部环境干扰中的作用，虽然研究结果证实了前人的研究，如不同季节的水分利用效率对干旱的响应不同、不同植被类型和不同生态系统的水分利用效率对干旱的响应不同等。但本研究结果与以往研究结果也存在一定的差异。究其原因可能是数据、方法、研究时期和研究区域等方面的差异。需要说明的是，虽然前人研究中指出生态系统WUE对干旱的响应受植被特征、

---

[1] Xu H J, Wang X P, Zhao C Y, et al. Responses of ecosystem water use efficiency to meteorological drought under different biomes and drought magnitudes in northern China[J]. Agricultural and Forest Meteorology, 2019, 278: 107660.

干旱程度和区域特征等多种因素的影响，但探讨季节性干旱程度对不同生态系统WUE的影响研究较少，因此，仍需更丰富的理论和模型模拟来验证本研究的结论。此外，本研究中用于表征干旱的SPEI指数是基于低水平分辨率的格点数据计算的，精度不高，且GPP和ET数据的时间尺度（2001—2019年）较短，加之在探讨季节性干旱对WUE的影响中未单独考虑GPP和ET对干旱的敏感性，这可能对研究结果造成了一定的影响。同时，本研究未考虑干旱的持续时间和滞后效应，因此未来的研究应更多地关注GPP和ET对干旱的响应过程，考虑干旱的累积影响和滞后效应，将实验观测数据、高精度遥感数据等综合应用起来，提高分析的精确性，这对于理解WUE与干旱的关系至关重要。

五、气温、降水和NDVI对水分利用效率的影响

目前大量的研究关注气候因子对生态系统水分利用效率的影响，如Huang等[①]的研究结果表明，不同区域的气候变化对WUE的影响差异较大，高纬度地区WUE随降水的增加而提高，但是在中低纬度地区WUE随着降水的增加而降低。同时，不同尺度的WUE对气候变化的响应不同，气温升高会使冠层和生态系统尺度WUE降低，但是叶片WUE并未受到升温的影响。另外，不同植被类型的WUE对气候因素的响应也存在差异，如Zhang对黄土高原WUE的研究表明，草地和乔木WUE对降水敏感，气温主导灌丛WUE，这和本章研究结果有相似也有差异之处。本章研究表明灌丛WUE对气温的敏感性最大，但是草地WUE对于NDVI更敏感，同时贡献分析表明降水主导控制灌丛和草地WUE，而NDVI主导控制森林WUE，气温对三种植被WUE的贡献普遍较低。尽管诸多学者均对黄土高原WUE进行了研究，但研究结果却存在差异，可能存在以下两方面原因：一是WUE计算方法的不同，本研究WUE由GPP和ET之比得到，而Zhang等[②]研究中WUE则由NPP和ET之比得到，且NPP数据是根据CASA模型计算得到的；二是WUE影响因素的选择不同，Zhang等主要考虑的是气候因素对WUE的影响，而本研究则将植被生长作为WUE的重要影响因素之一。综上，WUE的计算方法以及影响因素的选择均会对结果产生影响。本研究发现黄土高原西部地区植

---

① Huang M T, Piao S L, Sun Y, et al. Change in terrestrial ecosystem water-use efficiency over the last three decades[J]. Global Change Biology, 2015, 21（6）：2366-2378.

② Zhang T, Peng J, Liang W, et al. Spatial-temporal patterns of water use efficiency and climate controls in China's Loess Plateau during 2000—2010[J]. Science of the Total Environment, 2016, 565：105-122.

被的WUE明显低于其他干旱和半干旱地区，这和以往的研究结果一致，Van de Water 等[1]发现植物在冷湿环境下的 $\delta^{13}C$ 值要低于干旱和半干旱地区，而黄土高原西部属于高海拔湿冷地区，因此叶片尺度的WUE和生态系统尺度WUE在空间分布上具有一致性。

值得注意的是，WUE对降水和NDVI的敏感性均存在阈值效应，即在一定降水量内，WUE随着降水或NDVI的增加而提高，但是超出这一范围，WUE则会随着降水或NDVI的增加而降低，且WUE对于降水和NDVI敏感性的阈值范围可能为500~550 mm降水量。目前关于降水对WUE的影响存在一定的争议，Yu等[2]、Lu等[3]发现在更干旱区域生态系统WUE更高，但是这一结果和涡度相关站点的观测结果差异较大，即随着降水的增加，在湿地和农田系统WUE对降水的响应较弱，而森林和草地系统WUE对降水的响应更强。这些结果表明降水和WUE的关系会随着外界环境的变化而改变。对中国陆地生态系统WUE的研究表明，不同植被WUE随降水的增多呈现先提高后降低的趋势，且大部分植被WUE的突变点为500 mm降水线[4]，这和本研究的结果基本吻合。此外，降水对WUE的阈值效应可能和区域内的有效降水有关。降水并不能完全反应植被的有效用水，湿润和半湿润地区植被对降水的利用率未必会高于干旱和半干旱地区植被对降水的利用率，相反，降水越多的区域降水会以径流、冠层截留以及土壤蒸发等形式耗散，从而可能产生更多的无效水，因此该区域WUE随着降水的增加而降低。在一定降水区间内，大部分降水为生产性用水，且用于产生GPP的有效水要多于用于蒸腾的有效水，从而使得WUE随着降水的增加而提高；但是超过一定的降水区间，即在湿润和半湿润地区，降水不再是植被生长的限制因素，降水的增加通常对应的是该区域用于碳吸收的向下短波辐射的减少，从而使得GPP减少。值得关注的是，降水对植被WUE贡献程度最高的区域并不是最干旱或者最

---

[1] Van de Water P K, Leavitt S W, Betancourt J L. Leaf $\delta^{13}C$ variability with elevation, slope aspect, and precipitation in the southwest United States[J]. Oecologia, 2002, 132: 332-343.

[2] Yu G R, Song X, Wang Q F, et al. Water-use efficiency of forest ecosystems in eastern China and its relations to climatic variables[J]. New Phytologist, 2008, 177 (4): 927-937.

[3] Lu X L, Zhuang Q L. Evaluating evapotranspiration and water-use efficiency of terrestrial ecosystems in the conterminous United States using MODIS and AmeriFlux data[J]. Remote Sensing of Environment, 2010, 114 (9): 1924-1939.

[4] Liu Y B, Xiao J F, Ju W M, et al. Water use efficiency of China's terrestrial ecosystems and responses to drought[J]. Scientific Reports, 2015, 5: 13799.

湿润地区，而是降水量为 350~400 mm 区域。相关研究也发现了在一个典型草地区域，生态系统 WUE 在最干旱和最湿润的地区都较低，但是在 475 mm 降水量时最高。在干旱地区，尽管降水是植被生长的主要限制因素，但是 80% 以上小降雨事件均不能用于植被生长，而是以土壤蒸发的形式耗散了；在湿润地区，水分胁迫减弱，大量的降水可能以径流等形式流失；而 350~400 mm 降水量的半干旱地区，可以被认为是植被水分利用效率最高的区域。

另外，WUE 对植被生长的敏感性也存在阈值效应，而这个阈值范围和降水阈值范围一致，这在相关研究中有类似结论。Liu 的研究结果表明随着 LAI 上升，大部分植被的 WUE 先提高然后出现轻微的下降。LAI 较低时，LAI 上升能够导致 T/ET 和光合性能上升，从而使得 WUE 提高；LAI 超过一定的范围时，T/ET 就会受到限制，从而导致 WUE 对 LAI 的变化不敏感。WUE 随着 LAI 的变化模式在涡度相关站点和模型研究中均有体现。尽管本章使用的植被指数为 NDVI，但是同样存在阈值效应，而这种阈值效应可能和 NDVI 对蒸腾作用及 GPP 的直接影响有关。在 550 mm 降水量范围内，NDVI 上升引起的 GPP 的增加可能大于 ET 的增加，从而使得 WUE 随着 NDVI 的上升而提高；但是超过 550 mm 降水量，NDVI 趋于饱和，由此产生的 GPP 基本不变，但是植被对降水的拦截作用增强，加之蒸腾作用增强，从而使得 WUE 降低。因此，黄土高原年均 WUE 的变化受到气候因子与植被因子的共同影响，同时还应考虑气候和植被因子对 WUE 的阈值效应。

六、极端干旱和湿润事件对 WUE 的影响

本章研究结果表明，极端湿润事件下的 WUE 相比极端干旱事件较高，这和以往的研究结果有所不同。极端气候事件对 WUE 的影响受到气候区、植被类型、水热状况以及极端气候事件判别等因素的综合影响。

极端湿润事件下，草地和灌丛在其主导模态下呈现出 GPP 的增加速率大于 ET 的增加速率；而极端干旱事件下，草地和灌丛在主导模态下 GPP 和 ET 均减少，但 GPP 和 ET 的减少速率在不同模态下不同，这说明相比极端湿润事件，极端干旱事件对植被的影响较复杂且更易受到植被所处环境的影响。干旱地区降水、气温对草地和灌丛 GPP 和 ET 的贡献程度较低，植被通过降低气孔导度缓解水分胁迫从而使得 WUE 提高，同时干旱地区植被的抗旱性较强，因此，越干旱

地区植被的WUE越高，这在一定程度上解释了极端干旱事件下草地和灌丛在最干旱地区（Mode5）的WUE升高。相反，极端干旱事件下，分布在325~500 mm（Mode2和Mode4）降水量区域的草地和灌丛WUE相对多年平均值降低，这说明在中等水分胁迫的区域内，草地和灌丛的抗旱性不及受到严重水分胁迫的地区（Mode5），同时，极端干旱事件下草地和灌丛在Mode2和Mode4下的降水明显降低而气温急剧升高，且气温和降水对这两个模态的GPP和ET贡献较大，因此，气温和降水的变化会通过改变草地和灌丛的GPP和ET而影响WUE。另外，有研究表明，WUE随降水梯度的增加而降低，同时，降水对WUE的影响存在阈值效应，因此，在极端干旱事件下，Mode2和Mode4的植被WUE低于Mode5。本章研究发现草地和灌丛在极端干湿事件下RWUE、RET以及RGPP均表现出一致的空间分布，尽管灌丛和草地的根系分布差异较大，且这两种植被的用水策略不同，但是本章研究发现这两种植被对极端干旱事件和极端湿润事件的响应表现出一致的变化规律，这可能和极端干湿事件下植被通过改变用水策略来适应环境变化有关。此外，气孔导度对干旱胁迫的调节也会对草地和灌丛WUE产生影响，但是极端干湿事件下灌丛和草地如何用水还需要进一步论证。

森林对极端干旱和极端湿润事件的响应与草地和灌丛明显不同。极端干旱事件下降水减少，森林在Mode1的GPP增加而ET减少，因此导致WUE提高，这有别于本研究中其他模态在极端干旱事件下GPP减少的趋势。有研究表明，干旱发生后森林植被并未受到干旱胁迫的影响而是继续生长，因此产生更大的GPP，这在一定程度上可以解释极端干旱事件下森林在Mode1受到干旱胁迫的影响较小或者未受到干旱胁迫的影响从而导致植被继续生长，进而促进GPP增加。然而，和极端干旱事件下森林在Mode1的GPP增加不同的是，极端干旱事件下森林在Mode2的GPP减少，说明森林在不同水热区间对干旱的影响也不尽相同。

另外，气候因素通过影响GPP和ET而改变WUE。本研究结果表明，气温和降水对GPP和ET的抑制或者促进作用会直接影响WUE，这和已有研究结果一致。Huang对陆地生态系统WUE的季节性研究表明北半球春季WUE的上升是由于气温对GPP的敏感性大于其对ET的敏感性，从而使得GPP的增加速率大于

ET 的增加速率。同时，Yang[①]对全球 WUE 对干旱的响应研究也表明 GPP 和 ET 的不对称变化导致 WUE 的改变。这些结果均表明气候因素对 GPP 和 ET 的影响会直接导致 WUE 的改变。

值得注意的是，相关研究已经表明干旱程度会直接影响植被 WUE 的变化，但是本研究并未考虑到干旱和湿润的程度。研究表明，气孔导度能够降低去适应水分胁迫从而使得植被 WUE 提高，这个假设在实验观测和模型模拟研究中都得到证实，但是也有研究表明这个结论在极端干旱的情况下是不成立的，如 Lu 等研究表明 WUE 和降水之间存在明显的二极模式，因此，干旱程度对 WUE 产生重要的影响。另外，干旱事件对 WUE 的影响产生滞后作用。由于碳吸收和蒸散发对干旱或者湿润响应的差异，干旱和湿润以及由此产生的 WUE 的变化可能不会同步发生，同时，不同植被类型的干旱滞后时间有所差异。因为部分研究表明植被，尤其是森林对于极端干旱事件的响应有一定的滞后作用，而这种滞后作用产生的 GPP 和 ET 的变化可能会对 WUE 产生影响。干旱程度以及干旱对植被的滞后效应是本研究未涉及的方面，需要今后进一步研究。

第六节 小结

一、季节性植被 GPP、ET 和 WUE 的时空变化特征

本章利用 MODIS 遥感数据定量研究了 2001—2019 年黄土高原季节性植被 GPP、ET 和 WUE 的时空变化特征。主要得出以下结论：

（1）2001—2019 年黄土高原春季、夏季和秋季总初级生产力（GPP）和蒸散发（ET）均呈增加趋势，但季节性 ET 比 GPP 的增长速率快，导致季节性 WUE 均呈降低趋势；夏季的 GPP 和 ET 最大，ET 增速明显大于 GPP，夏季 WUE 的降低趋势在三个季节中最为明显。

---

① Yang Y T, Guan H D, Batelaan O. et al. Contrasting responses of water use efficiency to drought across global terrestrial ecosystems[J]. Scientific Reports, 2016, 6: 23284.

（2）空间分布上，黄土高原季节性GPP和ET均呈现从东南向西北逐渐减小的特征，且东南部森林分布区GPP和ET明显高于其他地区。不同季节植被WUE的大小关系为夏季＞秋季＞春季。从变化趋势来看，春季、夏季和秋季三个季节的WUE整体均呈下降趋势，夏季下降趋势面积占比最大，达62.6%，以陕西北部和山西南部地区下降趋势最为显著。

（3）春季和夏季草地WUE最高，灌丛WUE最低；秋季森林WUE最高，草地WUE最低。森林WUE的季节性差异较小，而灌丛和草地WUE均出现了由春季到秋季依次降低趋势，尤其是草地，降低幅度最为明显。

二、季节性干旱和WUE的时空分布特征

在计算WUE和SPEI指数的基础上，分析了2001—2019年黄土高原季节性干旱和WUE的时空分布特征，并探究了季节性干旱对WUE的影响。主要得出以下结论：

（1）春季和秋季在海拔相对较高的地区，气温、降水与黄土高原植被WUE主要呈负相关关系。夏季植被WUE与气温、降水呈负相关关系的面积占比在三个季节中最大。季节性WUE与气温、降水的相关性可能存在阈值效应。春季、夏季、秋季的最适降水阈值分别为50~80 mm、280~370 mm、65~125 mm，最适气温阈值分别为14 ℃以上、15~19 ℃和6~13 ℃。春季和夏季，森林WUE与气温的负相关性最大，草地WUE与降水的相关性由春季的正相关转变为夏季的负相关。秋季草地WUE与气温和降水均呈正相关，而森林和灌丛WUE与气温呈正相关，与降水呈负相关。

（2）季节性WUE对各季节干旱的敏感性存在差异。WUE对春旱的敏感性在大部分地区为负，以黄土高原西北部地区最为显著（$P<0.05$），且春旱导致WUE提高，但随着干旱程度的增加，WUE对干旱指数的敏感性程度降低。夏季除陕西与山西交界地区及青海部分地区的干旱导致WUE提高外，其余大部分地区WUE对夏旱的敏感性为正，以西北部地区最为显著（$P<0.05$），且夏旱导致导致WUE降低，干旱越严重，正γ_{Summer}分布越集中，WUE降低的敏感性越大。WUE对秋旱的敏感性普遍为负，以甘肃东部、陕西西部和山西北部地区最为显著（$P<0.05$），且SPEI值较大，秋旱较轻时，WUE提高；但随着SPEI减小，干

旱加重，秋旱会导致WUE降低。冬季SPEI指数大多大于0，大部分地区表现为无干旱，冬季WUE与SPEI值虽呈负相关，但负γ_{Winter}基本不随干旱程度的变化而变化。

（3）WUE对季节性干旱程度的敏感性受区域干湿状况的影响。在干旱地区和半干旱地区，春季和冬季轻旱导致WUE提高，夏季轻旱、中旱和重旱导致WUE降低；在半湿润地区，春季和秋季轻旱、夏季中旱、冬季中旱和重旱导致WUE提高，夏季和冬季轻旱导致WUE降低；春、夏、冬三个季节的轻旱均导致湿润地区WUE降低。此外，干旱地区WUE对干旱程度的敏感性普遍大于半干旱地区、半湿润地区和湿润地区，即降水越少的地区植物水分利用效率对干旱越敏感。

三、生态系统水分利用效率及其影响因素

基于遥感数据估算的生态系统水分利用效率及其影响因素，主要得出以下结论：

（1）黄土高原2000—2014年生态系统WUE的时空分异明显。沿西北—东南随降水的增加，生态系统WUE逐渐降低，且黄土高原西部WUE最低，同时，多年平均WUE表现出森林WUE＞灌丛WUE＞草地WUE。另外，WUE空间分布的年际变化明显，尤其在2012-2014年，整个黄土高原的WUE明显高于其他年份。

（2）气温、降水和NDVI对WUE影响具有明显的空间差异。WUE对气温的敏感性在整个黄土高原呈现正值，但是气温对WUE的贡献低于降水和NDVI。WUE对降水和NDVI的敏感性存在阈值效应，即降水量小于500~550 mm梯度范围时，WUE随降水和NDVI的增加而上升，超过这一梯度范围，WUE则随着降水和NDVI增加而降低。另外，降水和NDVI对WUE的贡献普遍较高，但是不同植被之间差异明显，降水主导控制灌丛和草地WUE，而NDVI主导控制森林WUE。气温对于三种植被WUE的影响较小。

（3）极端干旱事件和极端湿润事件下的WUE、气温和降水差异明显。极端湿润事件下草地、灌丛和森林的WUE均高于极端干旱事件，同时，极端湿润事件下灌丛WUE最高，森林WUE最低，而极端干旱事件下森林WUE最高，草地

WUE最低。另外，极端干旱事件下三种植被的气温均高于极端湿润事件，极端干旱事件下三种植被的降水均低于极端湿润事件，年均降水越少的地区，极端干旱和湿润事件下降水量的差异越小，而年均降水越多的地区，极端干旱和湿润事件下降水量的差异越大。

（4）极端干旱事件和极端湿润事件下气温和降水对GPP和ET的抑制或促进作用导致GPP和ET变化速率和变化方向的不同，进而导致WUE的差异。草地和灌丛的RWUE、RGPP和RET在主导模态下表现出一致的变化规律，极端湿润事件下，草地和灌丛在其主导模态下呈现出GPP的增加速率大于ET的增加速率，从而引起WUE的提高；而极端干旱事件下，草地和灌丛在主导模态下GPP和ET均减少，但GPP和ET的减少速率在不同模态下有所差别。森林WUE的变化则是由GPP和ET的非同向变化引起的。同时，随着降水的增加，气温和降水对草地和灌丛GPP和ET的贡献逐渐增大，即越干旱的地区气温和降水对GPP和ET的影响越小，而越湿润的地区GPP和ET越易受到环境因素的影响。

附表6-1　三种植被在不同水热状况下的水分利用效率变化速率（%）

植被类型	事件	Mode1	Mode2	Mode3	Mode4	Mode5
森林	湿润	−0.06±0.12（17.27%）	0.29±0.26（58.13%）	−0.01±0.16（1.26%）	−0.37±0（0.01%）	0.27±0.30（1.99%）
	干旱	0.26±0.29	0.10±0.15	−0.07±0.12	0.20±0	0.19±0.33
灌丛	湿润	−0.12±0.08（1.22%）	0.50±0.17（14.93%）	−0.21±0.16（1.34%）	0.42±0.14（7.47%）	0.27±0.19（74.04%）
	干旱	0.14±0.34	−0.15±0.11	−0.09±0.05	−0.11±0.09	0.09±0.19
草地	湿润	−0.14±0.09（0.55%）	0.53±0.27（26.85%）	−0.11±0.26（9.82%）	0.37±0.15（20.62%）	0.30±0.20（35.18%）
	干旱	0.18±0.35	−0.08±0.11	−0.09±0.08	−0.06±0.09	0.12±0.15

注：括号内的数值代表每种模态占相应的植被类型面积的比例。

附表6-2 不同植被在极端干旱和湿润事件下降水对比

	干湿共发区域			Mode1			Mode2		
	湿润(mm)	干旱(mm)	差值(mm)	湿润(mm)	干旱(mm)	差值(mm)	湿润(mm)	干旱(mm)	差值(mm)
森林	630.05±87.16	348.66±40.50	281.39	766.31±67.71	367.95±34.04	398.36	605.11±24.75	349.30±16.50	255.81

	干湿共发区域			Mode2			Mode4			Mode5		
	湿润(mm)	干旱(mm)	差值(mm)	湿润(mm)	干旱(mm)	差值(mm)	湿润(mm)	干旱(mm)	差值(mm)	湿润(mm)	干旱(mm)	差值(mm)
灌丛	374.72±134.1	166.12±79.83	208.60	609.76±20.74	308.48±24.29	301.28	541.45±28.65	246.41±22.95	295.04	300.63±43.93	122.04±23.05	178.59
草地	480.51±96.90	237.31±78.30	243.21	579.00±37.96	321.31±20.18	257.69	527.73±28.52	235.93±25.90	291.79	380.74±63.4	145.89±30.96	234.84

附表6-3 不同植被在极端干旱和湿润事件下气温对比

	干湿共发区域			Mode1			Mode2		
	湿润(℃)	干旱(℃)	差值(℃)	湿润(℃)	干旱(℃)	差值(℃)	湿润(℃)	干旱(℃)	差值(℃)
森林	16.62±1.60	17.61±1.74	−0.99	18.79±0.75	20.15±0.94	−1.36	16.06±1.15	16.94±1.06	−0.88

	干湿共发区域			Mode2			Mode4			Mode5		
	湿润(℃)	干旱(℃)	差值(℃)	湿润(℃)	干旱(℃)	差值(℃)	湿润(℃)	干旱(℃)	差值(℃)	湿润(℃)	干旱(℃)	差值(℃)
灌丛	16.88±0.63	17.59±0.77	−0.71	17.21±0.78	17.88±0.65	−0.66	17.04±0.36	17.70±0.28	−0.67	16.81±0.40	17.53±0.63	−0.72
草地	15.62±1.80	16.44±1.87	−0.82	15.48±1.54	16.37±1.36	−0.89	16.85±0.36	17.58±0.30	−0.73	16.36±0.49	17.33±0.37	−0.97

附表 6-4 GPP 和 ET 对降水和气温的敏感性

森林

模态	Model1				Mode2			
变量	GPP		ET		GPP		ET	
事件	湿润	干旱	湿润	干旱	湿润	干旱	湿润	干旱
降水	1.21	-0.03	0.47	0.01	2.6	6.76	1.64	2.36
气温	-28.73	77.04	-18.86	-12.29	-84.22	-38.15	-9.99	-12.05

灌丛

模态	Mode2				Mode4				Mode5			
变量	GPP		ET		GPP		ET		GPP		ET	
事件	湿润	干旱	湿润	干旱	湿润	干旱	湿润	干旱	湿润	干旱	湿润	干旱
降水	0.96	2.67	0.21	2.9	0.76	-0.09	0.42	0.67	0.02	-0.06	0.37	0.27
气温	-123.15	-54.59	-53.4	-46.98	0.06	-17.49	-2.74	-21.48	4.04	26.69	33.23	10.42

草地

模态	Mode2				Mode4				Mode5			
变量	GPP		ET		GPP		ET		GPP		ET	
事件	湿润	干旱	湿润	干旱	湿润	干旱	湿润	干旱	湿润	干旱	湿润	干旱
降水	0.52	1.07	0	0.4	1.42	0.29	0.59	0.77	0.6	-0.09	-0.57	-0.29
气温	-76.27	-5.9	-55.91	-51.28	-5.18	-23.79	6.39	-24.04	-30.12	-39.79	-84.38	-68.64

注：GPP 对降水和气温敏感系数的单位分别为 $gC \cdot m^{-2} mm^{-1}$ 和 $gC \cdot m^{-2} ℃^{-1}$；ET 对降水和气温敏感系数的单位分别为 $mm \, mm^{-1}$ 和 $mm \, ℃^{-1}$。

第七章
研究结论与不足

第一节 研究结论

（1）黄土高原年均气温在空间上呈现明显的异质性，黄土高原西部多年年均气温相对其他地区较低，其余地区气温自东南到西北呈现降低趋势；年均气温在时间上逐年呈波动上升趋势，其增长率为 0.2 ℃/10a。黄土高原年总降水逐年呈波动上升趋势，其增长率为 3.92 mm/a；空间多年总降水变化范围为 150~750 mm，且从东南到西北呈现梯度分布。黄土高原春季、夏季和秋季平均气温均呈波动上升趋势，冬季平均气温呈波动下降趋势；春季、夏季和秋季多年平均气温与年均气温的空间分布状况相似，黄土高原西部和东北部的气温相较整体气温更低；各季节平均气温从高到低依次为夏季、春季、秋季和冬季，而各季节气温变化速率由大到小依次为春季、夏季、秋季和冬季。黄土高原春季、夏季和秋季的总降水均呈波动上升趋势，冬季总降水呈波动下降趋势；不同季节总降水与年总降水的空间分布状况相似，从东南向西北呈现梯度分布；各季节总降水和各季节总降水变化速率从高到低依次为夏季、秋季、春季和冬季。黄土高原极端气候指数只有 DTR 指数呈下降趋势，其斜率为 −0.25 ℃/a。其余极端气候指数均呈现上升趋势：TNn 和 TXn 指数的空间趋势大致相同，呈现明显的空间差异性，低值分布在黄土高原北部；TNx 和 TXx 指数的空间趋势大致相同，高值分布在黄土高原东部和西部部分地区；RX1day 和 RX5day 指数的空间趋势大致相同，从东南到西北呈现逐渐减小趋势。

(2) 黄土高原植被 SOS 多年呈提前趋势，其变化斜率为 -0.38 d/a；植被 SOS 空间变化随着地势由西北向东南方向逐渐提前。不同植被 SOS 提前趋势由强到弱依次为森林 SOS、草地 SOS、灌丛 SOS。黄土高原植被 SOS 在不同地形条件中存在差异，在高程和坡度较小的区域植被 SOS 较分散，植被 SOS 随着高程和坡度变大越集中；在高程和坡度较小的区域植被 SOS 发生较早，高程和坡度较大的区域植被 SOS 发生较迟。在未来一段时间，黄土高原 47.7% 的植被 SOS 仍将呈现提前趋势。黄土高原植被 EOS 的物候参数空间差异较小；植被 EOS 多年呈推迟趋势，其变化斜率为 2.83 d/a。不同植被 EOS 基本保持一致，草地最早结束生长，其次是森林和灌丛。在黄土高原不同的地形条件下，高程越小，植被 EOS 发生越迟；高程越大，植被 EOS 发生越早。在未来一段时间，黄土高原 53.4% 的植被 EOS 仍将呈现延迟趋势。

(3) 1986—2019 年，黄土高原降水和气温的变化速率和趋势存在明显的空间异质性。年降水变化速率在黄土高原北部和东南部呈减少趋势，在其他大部分地区呈现缓慢增长趋势，以陕西北部和山西西部地区的增长趋势较明显；季节性降水集中在夏、秋季，占全年降水量的 80% 左右，且春、夏、秋季降水量呈增加趋势。黄土高原年均气温和四季气温均呈现持续上升态势。1986—2019 年，黄土高原年尺度 SPEI 值经历了"湿润－干旱－湿润"的交替过程，总体呈变干趋势。年际、各季节干旱程度的发生频率在空间上差异较大，整体来看，年际、春季和冬季以黄土高原东南部和西部干旱发生频率较高，夏季和秋季以西北部干旱发生频率较高。夏季以中度干旱发生频率最高，年际及其他季节以轻度干旱发生频率最高，且夏季是发生中度干旱、重度干旱和极端干旱次数最多的季节。黄土高原春、夏季呈现干旱化趋势，秋、冬季大部分区域干旱趋势减轻。通过 NAR 神经网络法和 R/S 分析法对黄土高原未来干旱趋势进行预测发现，黄土高原春季 SPEI 呈下降趋势并逐渐趋于平稳，夏季 SPEI 呈微弱上升趋势，秋季 SPEI 由之前的平缓趋势转为波动下降趋势，冬季 SPEI 仍处于平缓上升趋势。其中，年际的 Hurst 指数值最大，为 0.8019，干旱化趋势明显。季节尺度上，不同季节变化趋势的强度不同，夏季 SPEI 的 Hurst 指数值最大，持续性变化趋势最强，表明黄土高原未来夏季 SPEI 持续下降的可能性大于其他季节，春季次之，秋季和冬季 SPEI 的 Hurst 指数值也均大于 0.5，但秋季 SPEI 的 Hurst 指数值接近 0.5，表明未来秋季干旱变化趋势虽减弱，但可能性较小；冬季 SPEI 有微弱上升趋势，即未来一段时间冬季将呈现湿润化趋势。

(4) 1982—2011年黄土高原气温对ET的贡献程度相对降水和NDVI普遍较低，但是仍然存在明显的季节性差异。整体表现为夏季气温对ET的贡献最大，但是对于不同植被类型，气温对ET的贡献具有季节性差异。在春季，气温对灌丛ET的贡献程度最高，达到8.27%±8.60%；在夏季，气温对森林ET的贡献程度（5.82%±6.97%）高于灌丛和草地；在秋季，气温对三种植被ET的贡献程度普遍较低，但是气温对草地ET的贡献程度相对较高。降水是黄土高原ET变化的重要影响因素之一，降水对不同植被类型ET的影响存在明显的季节性差异。三个季节均表现出随着降水的增加，降水对ET的贡献程度逐渐降低（春季从41.87%±19.19%降到4.89%±5.60%，夏季从29.38%±15.14%降到7.69%±8.55%，秋季从28.86%±16.06%降到3.85%±4.42%），且春季降水对ET的贡献程度明显高于夏季和秋季（RC_{PRE}在春季、夏季和秋季分别为18.35%±7.30%、13.25%±4.73%和11.06%±5.75%）。另外，在更干旱的区域/植被类型中降水对ET的贡献程度更高，三个季节中降水对草地ET的贡献程度普遍高于森林和灌丛，且春季草地降水对ET的贡献程度最高。NDVI是黄土高原ET变化的另一重要影响因素。春季森林NDVI对ET的贡献程度（23.60%±16.84%）明显高于灌丛（16.31%±13.81%）和草地（8.39%±10.13%），夏季正好相反，即森林NDVI对ET的贡献程度（11.42%±13.01%）低于灌丛（16.00%±14.78%）和草地（18.02%±14.96%）。值得注意的是，秋季三种植被NDVI对ET的贡献程度均较高。

(5) 2001—2019年黄土高原春季、夏季和秋季总初级生产力（GPP）和蒸散发（ET）均呈增加趋势，但季节性ET比GPP的增长速率快，导致季节性WUE均呈降低趋势；夏季的GPP和ET最大，ET增速明显大于GPP，夏季WUE的降低趋势在三个季节中最为明显。空间分布上，黄土高原季节性GPP和ET均呈现从东南向西北逐渐减小的特征，且东南部森林分布区GPP和ET明显高于其他地区。不同季节植被WUE的大小关系为夏季＞秋季＞春季。从变化趋势来看，春季、夏季和秋季三个季节的WUE整体均呈下降趋势，夏季下降趋势面积占比最大，达62.6%，以陕西北部和山西南部地区下降趋势最为显著。春季和夏季草地WUE最高，灌丛WUE最低；秋季森林WUE最高，草地WUE最低。森林WUE的季节性差异较小，而灌丛和草地WUE均出现了由春季到秋季依次降低趋势，尤其是草地，降低幅度最为明显。

（6）春季和秋季在海拔相对较高的地区，气温、降水与黄土高原植被WUE主要呈负相关关系。夏季植被WUE与气温、降水呈负相关关系的面积占比在三个季节中最大。季节性WUE与气温、降水的相关性可能存在阈值效应。春季、夏季、秋季的最适降水阈值分别为50~80 mm、280~370 mm、65~125 mm，最适温度阈值分别为14 ℃以上、15~19 ℃、6~13 ℃。春季和夏季，森林WUE与气温的负相关性最高，草地WUE与降水的相关性由春季的正相关转变为夏季的负相关。秋季草地WUE与气温和降水均呈正相关，而森林和灌丛WUE与气温呈正相关，与降水呈负相关。季节性WUE对各季节干旱的敏感性存在差异。WUE对春旱的敏感性在大部分地区为负，以黄土高原西北部地区最为显著（$P<0.05$），且春旱导致WUE提高，但随着干旱程度的增加，WUE对干旱指数的敏感性程度降低。夏季除陕西与山西交界地区及青海部分地区的干旱导致WUE提高外，其余大部地区WUE对夏旱的敏感性为正，以西北部地区最为显著（$P<0.05$），且夏旱导致WUE降低，干旱越严重，正γ_{Summer}分布越集中，WUE降低的敏感性越大。WUE对秋旱的敏感性普遍为负，以甘肃东部、陕西西部和山西北部地区最为显著（$P<0.05$），且SPEI值较大，秋旱较轻时，WUE提高；但随着SPEI减小，干旱加重，秋旱会导致WUE降低。冬季SPEI指数大多大于0，大部分地区表现为无干旱，冬季WUE与SPEI值虽呈负相关，但负γ_{Winter}基本不随干旱程度的变化而变化。WUE对季节性干旱程度的敏感性受区域干湿状况的影响。在干旱地区和半干旱地区，春季和冬季轻旱导致WUE提高，夏季轻旱、中旱和重旱导致WUE降低；在半湿润地区，春季和秋季轻旱、夏季中旱、冬季中旱和重旱导致WUE提高，夏季和冬季轻旱导致WUE降低；春、夏、冬三个季节的轻旱均导致湿润地区WUE降低。此外，干旱地区WUE对干旱程度的敏感性普遍大于半干旱地区、半湿润地区和湿润地区，即降水越少的地区植物水分利用效率对干旱越敏感。

（7）黄土高原2000—2014年生态系统WUE的时空分异明显。沿西北-东南随降水的增加，生态系统WUE逐渐降低，且黄土高原西部WUE最低，同时，多年平均WUE表现出森林WUE＞灌丛WUE＞草地WUE。另外，WUE空间分布的年际变化明显，尤其在2012—2014年，整个黄土高原的WUE明显高于其他年份。气温、降水和NDVI对WUE影响具有明显的空间差异。WUE对气温的敏感性在整个黄土高原呈现正值，但是气温对 WUE 的贡献低于降水和 NDVI。WUE 对降水和 NDVI 的敏感性存在阈值效应，即降水量小于 500~550 mm 梯度范围时，WUE 随降水和 NDVI 的增加而上升，超过这一梯度范围，WUE 则随着降水和 NDVI 增加而降低。另外，降水和 NDVI 对 WUE 的贡献普遍较高，但是不同植被之间差异明显，降水主导控制灌丛和草地 WUE，而 NDVI 主导控制森林 WUE。气温对于三种植被 WUE 的影响较小。极端干旱事件和极端湿润事件下的 WUE、气温和降水差异明显。极端湿润事件下草地、灌丛和森林的 WUE 均高于极端干旱事件，同时，极端湿润事件下灌丛 WUE 最高，森林 WUE 最低，而极端干旱事件下森林 WUE 最高，草地 WUE 最低。另外，极端干旱事件下三种植被的气温均高于极端湿润事件，极端干旱事件下三种植被的降水均低于极端湿润事件，年均降水越少的地区，极端干旱和湿润事件下降水量的差异越小，而年均降水越多的地区，极端干旱和湿润事件下降水量的差异越大。极端干旱事件和极端湿润事件下气温和降水对 GPP 和 ET 的抑制或促进作用导致 GPP 和 ET 变化速率和变化方向的不同，进而导致 WUE 的差异。草地和灌丛的 RWUE、RGPP 和 RET 在主导模态下表现出一致的变化规律，极端湿润事件下，草地和灌丛在其主导模态下呈现出 GPP 的增加速率大于 ET 的增加速率，从而引起 WUE 的提高；而极端干旱事件下草地和灌丛在主导模态下 GPP 和 ET 均减少，但 GPP 和 ET 的减少速率在不同模态下有所差别。森林 WUE 的变化则是由 GPP 和 ET 的非同向变化引起。同时，随着降水的增加，气温和降水对草地和灌丛 GPP 和 ET 的贡献逐渐增大，即越干旱的地区气温和降水对 GPP 和 ET 的影响越小，而越湿润的地区 GPP 和 ET 越易受到环境因素的影响。

第二节　政策建议

黄土高原是地球上分布最集中且面积最大的黄土区，也是中国水土流失较为严重的地区。在人类活动的影响下，黄土高原的生态系统稳定性退化显著，这给我们敲响了警钟。为了遏制黄土高原生态环境持续恶化趋势，近二十余年来，政府采取了退耕还林还草、封沙育林育草等一系列措施，虽然其植被覆盖情况得到有效改善，但黄土高原植被物候分布仍需优化，以保障生态系统安全稳定。为了保护这片土地，我们需要采取更加积极有效的措施，从多个层面出发，为黄土高原的生态保护和可持续发展提供支持。

一、优化土地利用结构，推进黄土高原农林牧区分布调整

合理的土地利用结构对于维持生态系统稳定至关重要。通过实施一系列综合措施，如退耕还林还草、推行节水灌溉、合理轮作休耕、发展生态农业、建设生态防护林以及调整土地用途等，可以显著提高黄土高原地区的生态系统稳定性。本研究发现，黄土高原植被 SOS 多年呈提前趋势，植被 EOS 多年呈延迟趋势。植被 SOS 提前可减少风对黄土高原的侵蚀，植被 EOS 延迟可减少水对黄土高原的侵蚀，且植被生长期呈延迟趋势，这对于整个黄土高原生态系统发展具有重要意义。此外，黄土高原植被 EOS 空间分布可用于指导黄土高原农林牧区分布的调整以及植树种草工程的实施；根据不同区域植被 SOS 发生时节进行植树种草工程的实施，对于黄土高原植被恢复具有重要意义。WUE 对季节性干旱的响应存在很大的区域差异性，且季节性干旱程度对 WUE 的影响在不同生态系统存在差异，从这一点也可看出生态工程与措施应结合地区差异调整。通过以上措施的实施，可以优化黄土高原地区的土地利用结构，提高生态系统稳定性，实现经济、社会和环境的可持续发展。

二、加强生态管控和植被恢复，促进区域生态系统的稳定性

城市化进程加快、不合理的耕种方式等人类活动对植被变化存在持续影响，经济发展和不合理的植被建设导致黄土高原部分区域植被发生不同程度的退化，因此如何巩固退耕成果、保障生态工程质量效益、缓解退化趋势是未来黄土高原生态建设需考虑的重大问题。黄土高原地区的土壤较为疏松，容易受到侵蚀，通过植树造林、退耕还林还草等措施增加植被覆盖，可以减少水土流失，保持土壤的稳定性。这不仅有助于改善土壤质量，提高土壤的保水保肥能力，还能提高农

作物的产量和质量。此外,生态保护与恢复可以调节气候,降低气温,增加降水量,改善生态环境。黄土高原地区生物多样性丰富,但也面临着生境破坏、物种灭绝等威胁。加强生态保护与恢复可以保护生物栖息地,维护生物多样性,促进生态平衡。政府、企业和公众应共同努力,形成合力,为黄土高原地区的可持续发展做出贡献。

三、强化科学研究与监测,有效应对极端气候影响

本研究发现极端气温事件和极端降水事件均会影响植被生长,植被活动的季节性轨迹很可能对极端气候更为敏感。尽管物候受极端气候影响的证据在增加,但随着极端事件发生的频率越来越高,气候敏感地区的植被物候受其影响也越来越大,所以如何应对极端事件对生态系统产生的重大影响,已经成为当前研究的重点。通过长期监测,我们可以及时发现黄土高原气候的变化,并对极端气候影响采取积极应对措施。同时,加大监测力度有助于深入了解黄土高原生态系统的服务功能,为制定合理的生态保护策略提供科学依据,促进生态修复和可持续发展,实现经济、社会和环境的协调发展。这对于维护生态平衡、保障人类福祉以及推动可持续发展目标的实现具有重要意义。

四、优化水源涵养区建设,增强生态系统功能

在全球气候变暖进一步加剧的情况下,干旱和半干旱地区植被的生长发育受到严重抑制,水资源短缺成为制约可持续发展的关键因素。植被良好的水源涵养能力可以有效缓解干旱和半干旱地区水土流失严重、水资源短缺等问题。黄土高原的植被在生长季经历了较为严重的水分短缺,春季、夏季和秋季水分供给在调节蒸散发的变化中具有重要作用,尤其是在更干的区域/植被类型,供水条件也会严重干扰陆地生态系统对干旱响应的敏感性,水分的作用显得尤为重要。而近几十年黄土高原由森林主导的区域正在经历变干的趋势。因此,应加大建设水源涵养区,兴修水利,减少干旱对植被影响。

五、科学规划植被类型，制定季节差异化生态保护政策

黄土高原不同季节植被 WUE 差异显著，且黄土高原季节性 WUE 的空间分布与海拔存在一定的契合性，海拔越高，WUE 越低。不同季节的自然植被 WUE 对气温和降水的响应不同，不同区域的植被类型在受到干旱胁迫时的响应策略不同，半干旱和半湿润地区（即草原、农田和稀树草原）可能比干旱地区（荒漠植被和灌丛）更容易受到干旱胁迫的影响。为保障植树种草工程、退耕还林还草工程的持续健康发展，实现黄土高原地表覆盖更优转变，在进行生态恢复时需关注土壤、水分等地区自然条件，根据当地的气候条件，确定合理的植被建设类型、密度等生态恢复策略，以达到区域恢复的可持续性。

六、放眼长期效益，把控生态修复质量

为了遏制黄土高原生态环境持续恶化趋势，20 世纪 70 年代末和 90 年代末我国相继启动了"三北"防护林体系工程和退耕还林还草工程，在黄土高原上开展封山育林、人工造林和植被恢复等工作，使其森林覆盖率有了明显提高。但在实际造林过程中，存在为追求短期经济效益而导致修复结果不尽人意的情况，如采用了用材林结构设计，林分密度大、结构不合理、树种单一，且未考虑当地降水和水资源状况，以及造林树种生物学、生态学特性，导致植被建设中造林成活率低、林木生长缓慢，"周期性衰退"和"小老树"等问题普遍存在，林草植被整体水源涵养功能不佳，林分难以持续发挥生态效益，同时也不利于区域生态环境的改善及水资源的优化利用。因此，黄土高原生态保护和恢复必须注重长久效益与远期目标。

七、完善生态补偿机制，促进区域协调发展

生态补偿机制是实现生态环境保护与经济发展良性互动的重要手段。为了激励和促进黄土高原的生态保护行为，政府可以采取一系列措施。通过给予生态保

护者经济激励，鼓励他们采取积极的生态保护措施，从而提高黄土高原地区的植被覆盖率，减少水土流失，改善生态环境。同时，将生态保护与经济发展相结合，合理规划城市、工业区和农业区的布局，减少对生态系统的破坏。加强黄土高原地区不同省区之间的合作，共同制定生态保护政策和措施，促进黄土高原地区的区域协调发展，实现经济、社会和环境的可持续发展。

第三节 研究不足

尽管本研究在黄土高原关键生态水文要素研究方面取得了一些重要成果，但因遥感数据限制和植被变化影响因素复杂等原因，仍需要对以下方面的内容进行深入研究和完善。

本研究利用实测站点对提取的物候进行了验证，但是仅收集到海北站、鄂尔多斯站和沙坡头站的物候数据，且这三个站点的数据主要分布在黄土高原北部，植被类型以草地为主。虽然在一定程度上可以反应本研究提取的物候精度，但实测站点的空间分布不均，且缺少灌丛物候和森林物候的验证，要更好地确保遥感物候期的提取，仍需更多的站点来验证。

不同气候区域和植被类型对干旱的响应存在延迟和滞后，本研究重点分析本季节植被与气象干旱的关系，植被对干旱跨季节延迟响应的研究内容较少。不同植被类型对干旱的延迟响应可以为植被动态变化提供预测和预警，对于减少干旱对植被的影响有重要的意义，因此有待在将来进一步研究。

黄土高原因环境恶劣、水土流失严重，政府出台了退耕还林还草等工程措施，因此黄土高原植被变化在一定程度上是由人类活动导致的，但本研究着重分析了自然因素如气温、降水和干旱对植被的影响，未考虑人为活动对黄土高原植被的影响。植被的时空变化是多要素影响的结果，后续的研究还应当将类似的影响因子考虑进去，综合评估影响植被的因子。

参考文献

[1] Yang Y T, Guan H D, Batelaan O, et al. Contrasting responses of water use efficiency to drought across global terrestrial ecosystems[J]. Scientific Reports, 2016, 6: 23284.

[2] Bonsal B, Zhang X, Vincent L, et al. Characteristics of daily and extreme temperatures over Canada[J]. Journal of Climate, 2001, 14 (9): 1959-1976.

[3] Feng X, Fu B, Piao S, et al. Revegetation in China's Loess Plateau is approaching sustainable water resource limits[J]. Nature Climate Change, 2016, 6 (11): 1019-1022.

[4] Robeson S M. Trends in time-varying percentiles of daily minimum and maximum temperature over North America[J]. Geophysical Research Letters, 2004, 31 (4).

[5] Zhang X C, Liu W Z. Simulating potential response of hydrology, soil erosion, and crop productivity to climate change in Changwu tableland region on the Loess Plateau of China[J]. Agricultural and Forest Meteorology, 2005, 131 (3): 127-142.

[6] Smith T M, Yin X G, Gruber A. Variations in annual global precipitation (1979—2004), based on the Global Precipitation Climatology Project 2.5 analysis[J]. Geophysical Research Letters, 2006, 33 (6): 025393.

[7] Fu G B, Chen S L, Liu C M, et al. Hydro-climatic trends of the Yellow River basin for the last 50 years[J]. Climatic Change, 2004, 65 (1-2): 149-178.

[8] Huang Y, Cai J L, Yin H, et al. Correlation of precipitation to temperature

variation in the Huanghe River (Yellow River) basin during 1957—2006[J]. Journal of hydrology, 2009, 372 (1): 1-8.

[9] 王志福, 钱永甫. 中国极端降水事件的频数和强度特征[J]. 水科学进展, 2009, 20 (1): 1-9.

[10] 赵安周, 刘宪锋, 朱秀芳, 等. 1965—2013年黄土高原地区极端气温趋势变化及空间差异[J]. 地理研究, 2016, 35 (4): 639-652.

[11] 赵安周, 朱秀芳, 潘耀忠. 1965—2013年黄土高原地区极端降水事件时空变化特征[J]. 北京师范大学学报（自然科学版）, 2017, 53 (1): 43-50.

[12] Gao G, Chen D L, Xu C R, et al. Trend of estimated actual evapotranspiration over China during 1960—2002[J]. Journal of Geophysical Research: Atmospheres, 2007, 112 (D11).

[13] 王耀宗. 陕北黄土高原退耕还林还草工程生态效益评价[D]. 西安: 西北农林科技大学, 2010.

[14] 陈云明, 刘国彬, 徐炳成. 黄土丘陵区人工沙棘林水土保持作用机理及效益[J]. 应用生态学报, 2005 (4): 595-599.

[15] 王重洋. 中国植被物候时空变化特征研究[D]. 福州: 福州大学, 2014.

[16] 倪璐, 吴静, 李纯斌, 等. 近30年中国天然草地物候时空变化特征分析[J]. 草业学报, 2020, 29 (1): 1-12.

[17] Tang X G, Li H P, Desai A R, et al. How is water-use efficiency of terrestrial ecosystems distributed and changing on Earth?[J]. Scientific Reports, 2014, 4: 7483.

[18] Zhu X J, Yu G R, Wang Q F, et al. Spatial variability of water use efficiency in China's terrestrial ecosystems[J]. Global and Planetary Change, 2015, 129: 37-44.

[19] Liu Y B, Xiao J F, Ju W M, et al. Water use efficiency of China's terrestrial ecosystems and responses to drought[J]. Scientific Reports, 2015, 5: 13799.

[20] Sun Y, Piao S L, Huang M T, et al. Global patterns and climate drivers of water-use efficiency in terrestrial ecosystems deduced from satellite-based datasets and carbon cycle models[J]. Global Ecology and Biogeography, 2016, 25 (3): 311-323.

[21] 仇宽彪，成军锋，贾宝全.中国中东部农田作物水分利用效率时空分布及影响因子分析[J].农业工程学报，2015，31（11）：103-109.

[22] Xue B L，Guo Q H，Otto A，et al. Global patterns，trends，and drivers of water use efficiency from 2000 to 2013[J]. Ecosphere，2015，6（10）：1-18.

[23] Huang M T，Piao S L，Zeng Z Z，et al. Seasonal responses of terrestrial ecosystem water-use efficiency to climate change[J]. Global Change Biology，2016，22（6）：2165-2177.

[24] Keenan T F，Hollinger D Y，Bohrer G，et al. Increase in forest water-use efficiency as atmospheric carbon dioxide concentrations rise[J]. Nature，2013，499（7458）：324-327.

[25] Xiao J F，Sun G，Chen J Q，et al. Carbon fluxes，evapotranspiration，and water use efficiency of terrestrial ecosystems in China[J]. Agricultural and Forest Meteorology，2013，182：76-90.

[26] Zhang T，Peng J，Liang W，et al. Spatial-temporal patterns of water use efficiency and climate controls in China's Loess Plateau during 2000—2010[J]. Science of The Total Environment，2016，565：105-122.

[27] 裴婷婷，李小雁，吴华武，等.黄土高原植被水分利用效率对气候和植被指数的敏感性研究[J].农业工程学报，2019，35（5）：119-125，319.

[28] 张世喆，朱秀芳，刘婷婷，等.气候变化下中国不同植被区总初级生产力对干旱的响应[J].生态学报，2022（8）：3429-3440.

[29] Zhong S B，Sun Z H，Di L P. Characteristics of vegetation response to drought in the CONUS based on long-term remote sensing and meteorological data[J]. Ecological Indicators，2021，127：107767.

[30] Jönsson P，Eklundh L. Seasonality extraction by function fitting to time-series of satellite sensor data[J]. IEEE Transactions on Geoscience and Remote Sensing，2002，40（8）：1824-1832.

[31] 孔冬冬，张强，黄文琳，等.1982—2013年青藏高原植被物候变化及气象因素影响[J].地理学报，2017，72（1）：39-52.

[32] Huang W J，Ge Q S，Wang H J，et al. Effects of multiple climate change factors on the spring phenology of herbaceous plants in Inner Mongolia，China：

Evidence from ground observation and controlled experiments[J]. International Journal of Climatology, 2019, 39 (13): 5140-5153.

[33] Chen X Q, Li J, Xu L, et al. Modeling greenup date of dominant grass species in the Inner Mongolian Grassland using air temperature and precipitation data[J]. International Journal of Biometeorology, 2014, 58: 463-471.

[34] Wu X C, Liu H Y. Consistent shifts in spring vegetation green-up date across temperate biomes in China, 1982—2006[J]. Global Change Biology, 2013, 19 (3): 870-880.

[35] Bokhorst S, Tømmervik H, Callaghan T V, et al. Vegetation recovery following extreme winter warming events in the sub-Arctic estimated using NDVI from remote sensing and handheld passive proximal sensors[J]. Environmental and Experimental Botany, 2012, 81: 18-25.

[36] Xie Y Y, Wang X J, Silander J A. Deciduous forest responses to temperature, precipitation, and drought imply complex climate change impacts[J]. Proceedings of the National Academy of Sciences, 2015, 112 (44): 13585-13590.

[37] Yu Z, Wang J, Liu S, et al. Global gross primary productivity and water use efficiency changes under drought stress[J]. Environmental Research Letters, 2017, 12 (1): 014016.

[38] Xu H J, Wang X P, Zhao C Y, et al. Responses of ecosystem water use efficiency to meteorological drought under different biomes and drought magnitudes in northern China[J]. Agricultural and Forest Meteorology, 2019, 278: 107660.

[39] Tong X J, Zhang J S, Meng P, et al. Ecosystem water use efficiency in a warm-temperate mixed plantation in the North China[J]. Journal of Hydrology, 2014, 512: 221-228.

[40] Feng X M, Sun G, Fu B J, et al. Regional effects of vegetation restoration on water yield across the Loess Plateau, China[J]. Hydrology and Earth System Sciences, 2012, 16 (8): 2617-2628.

[41] Piao S L, Friedlingstein P, Ciais P, et al. Changes in climate and land use have a larger direct impact than rising CO_2 on global river runoff trends[J]. Pro-

ceedings of the National Academy of Sciences, 2007, 104 (39): 15242-15247.

[42] Zhang K, Kimball J S, Nemani R R, et al. A continuous satellite-derived global record of land surface evapotranspiration from 1983 to 2006[J]. Water Resources Research, 2010, 46 (9).

[43] 侯学会, 牛铮, 高帅. 近十年中国东北森林植被物候遥感监测[J]. 光谱学与光谱分析, 2014, 34 (2): 515-519.

[44] 秦格霞, 吴静, 李纯斌, 等. 中国北方草地植被物候变化及其对气候变化的响应[J]. 应用生态学报, 2019, 30 (12): 4099-4107.

[45] 杨殊桐, 时鹏, 李占斌, 等. 大理河流域退耕还林工程对生态系统服务功能的影响[J]. 水土保持研究, 2018, 25 (06): 251-258.

[46] 刘孟竹, 王彦芳, 裴宏伟. 退耕还林（草）背景下中国北方农牧交错带土地利用及碳储量变化[J]. 中国沙漠, 2021, 41 (1): 174-182.

[47] 杨洁, 谢保鹏, 张德罡. 基于InVEST和CA-Markov模型的黄河流域碳储量时空变化研究[J]. 中国生态农业学报, 2021, 29 (6): 1018-1029.

[48] Droogers P, Allen R G. Estimating reference evapotranspiration under inaccurate data conditions[J]. Irrigation and Drainage Systems, 2002, 16: 33-45.

[49] 黄乾. 基于InVEST模型的黄土高寒区小流域生态系统服务功能评价[D]. 北京: 北京林业大学, 2020.

[50] 高敏. 不同土地利用-气候情景下黄土高原地区生态系统产水与水土流失评价[D]. 聊城: 聊城大学, 2020.

[51] 李明月. 秦岭丹江流域水源涵养与土壤保持功能评价[D]. 西安: 西北大学, 2021.

[52] 李妙莹. 基于InVEST模型的黄土高原人工灌草系统土壤保持功能评估[D]. 兰州: 兰州大学, 2019.

[53] 陈浩. 黄土高原退耕还林前后流域土壤侵蚀时空变化及驱动因素研究[D]. 咸阳: 西北农林科技大学, 2019.

[54] 刘宇林. 黄土高原土壤侵蚀对植被恢复的响应[D]. 北京: 中国科学院大学（中国科学院教育部水土保持与生态环境研究中心）, 2020.

[55] Tian F, Zhang Y. Spatiotemporal patterns of evapotranspiration, gross primary

productivity, and water use efficiency of cropland in agroecosystems and their relation to the water-saving project in the Shiyang River Basin of Northwestern China[J]. Computers and Electronics in Agriculture, 2020, 172: 105379.

[56] Walker E, Birch J B. Influence measures in ridge regression[J]. Technometrics, 1988, 30 (2): 222-117.

[57] 薛卓彬. 基于InVEST模型的延河流域生态系统服务功能评估[D]. 西安: 西北大学, 2017.

[58] 谢宝妮. 黄土高原近30年植被覆盖变化及其对气候变化的响应[D]. 西安: 西北农林科技大学, 2016.

[59] Yu H Y, Luedeling E, Xu J C. Winter and spring warming result in delayed spring phenology on the Tibetan Plateau[J]. Proceedings of the National Academy of Sciences, 2010, 107 (51): 22152-22156.

[60] Che M L, Chen B Z, Innes J L, et al. Spatial and temporal variations in the end date of the vegetation growing season throughout the Qinghai-Tibetan Plateau from 1982 to 2011[J]. Agricultural and Forest Meteorology, 2014, 189-190: 81-90.

[61] 刘静, 温仲明, 刚成诚. 黄土高原不同植被覆被类型NDVI对气候变化的响应[J]. 生态学报, 2020, 40 (2): 678-691.

[62] Cong N, Wang T, Nan H J, et al. Changes in satellite-derived spring vegetation green-up date and its linkage to climate in China from 1982 to 2010: A multimethod analysis[J]. Global Change Biology, 2013, 19 (3): 881-891.

[63] Jin H J, He R X, Cheng G D, et al. Changes in frozen ground in the Source Area of the Yellow River on the Qinghai-Tibet Plateau, China, and their eco-environmental impacts[J]. Environmental Research Letters, 2009, 4 (4): 045206.

[64] Piao S L, Fang J Y, Zhou L M, et al. Variations in satellite-derived phenology in China's temperate vegetation[J]. Global Change Biology, 2010, 12 (4): 672-685.

[65] 张永瑞, 张岳军, 靳泽辉, 等. 基于SPEI指数的黄土高原夏季干旱时空特征分析[J]. 生态环境学报, 2019, 28 (7): 1322-1331.

[66] 孙艺杰，刘宪锋，任志远，等.1960—2016年黄土高原多尺度干旱特征及影响因素[J].地理研究，2019，38（7）：1820-1832.

[67] Niu X D，Liu S R. Drought affected ecosystem water use efficiency of a natural oak forest in Central China[J]. Forests，2021，12（7）：839.

[68] Vicente-Serrano S M，Beguería S，Lorenzo-Lacruz J，et al. Performance of drought indices for ecological, agricultural, and hydrological applications[J]. Earth Interactions，2012，16（10）:1-27.

后记
HOUJI

在本书的结尾，我想回溯一下过去的岁月，回顾我在北师大博士阶段的学习与探索，以及最终汇集在这本书中的关于黄土高原关键生态水文要素变化及影响因素的研究成果。

北师大，一个承载着我青春梦想和学术追求的地方。在这里，我度过了人生中最宝贵的时光，也收获了最深沉的学术积淀。博士阶段的学习和研究，是我人生中最为重要的一段旅程。它不仅让我深入理解了生态水文学、自然地理学等领域的专业知识，更让我学会了如何以科学的眼光去审视世界，以严谨的态度去探究真理。

黄土高原，这片广袤而厚重的土地，从2014年到2024年，整整十年，我的研究与这片土地密不可分。从研究初始对黄土高原的陌生到数年后对这片土地的热爱，这里的地貌特征、气候环境、生态状况，都充满了无尽的奥秘和挑战。我深知，要想揭示这片土地的秘密，就必须深入其中，去感受它的脉动，去聆听它的声音。于是，我踏上了这条充满艰辛与喜悦的研究之路。

在本书中，我尝试对黄土高原的关键生态水文要素变化进行了系统的梳理和分析。通过对大量数据的收集、整理和分析，我发现黄土高原的生态环境正在发生着深刻的变化，这些变化不仅影响着当地的生态安全，也对全球的气候和环境产生了深远的影响。通过研究发现，这片土地虽然面临着诸多挑战，但它依然拥有着强大的生态服务功能，为人类社会的发展提供了重要的支撑。

在研究和写作的过程中，我得到了博导李小雁教授、硕导陈英教授的帮助与支持，同时，侯青青、吉珍霞、马世瑛等研究生的研究与分析是完成本书的关键。他们的辛勤工作和无私奉献，为我的研究提供了坚实的基础，在此对以上诸人深表感谢！这本书不仅是我博士阶段学习成果的汇集，也是我人生中的一个重要节点。我希望通过这本书，能够让更多的人了解黄土高原的生态水文状况，关注这片土地的未来。同时，我也希望自己的研究成果能够为黄土高原的生态保护和可持续发展提供有益的参考和借鉴。

在未来的日子里，我将继续深入研究黄土高原的生态，努力为该区域的发展贡献自己的力量。我相信，只要我们用心去探究、去保护这片土地，黄土高原的未来一定会更加美好。

由于作者水平有限，以及数据迅速的更新迭代，本书难免存在疏漏和不足之处，敬请读者批评指正。

是为后记。

裴婷婷

2024 年 7 月 16 日